主编 ◎ 柳亦钢　杨开平　廖思哲

电力安全事故分析原理与案例分析

DIANLI ANQUAN SHIGU FENXI YUANLI YU ANLI FENXI

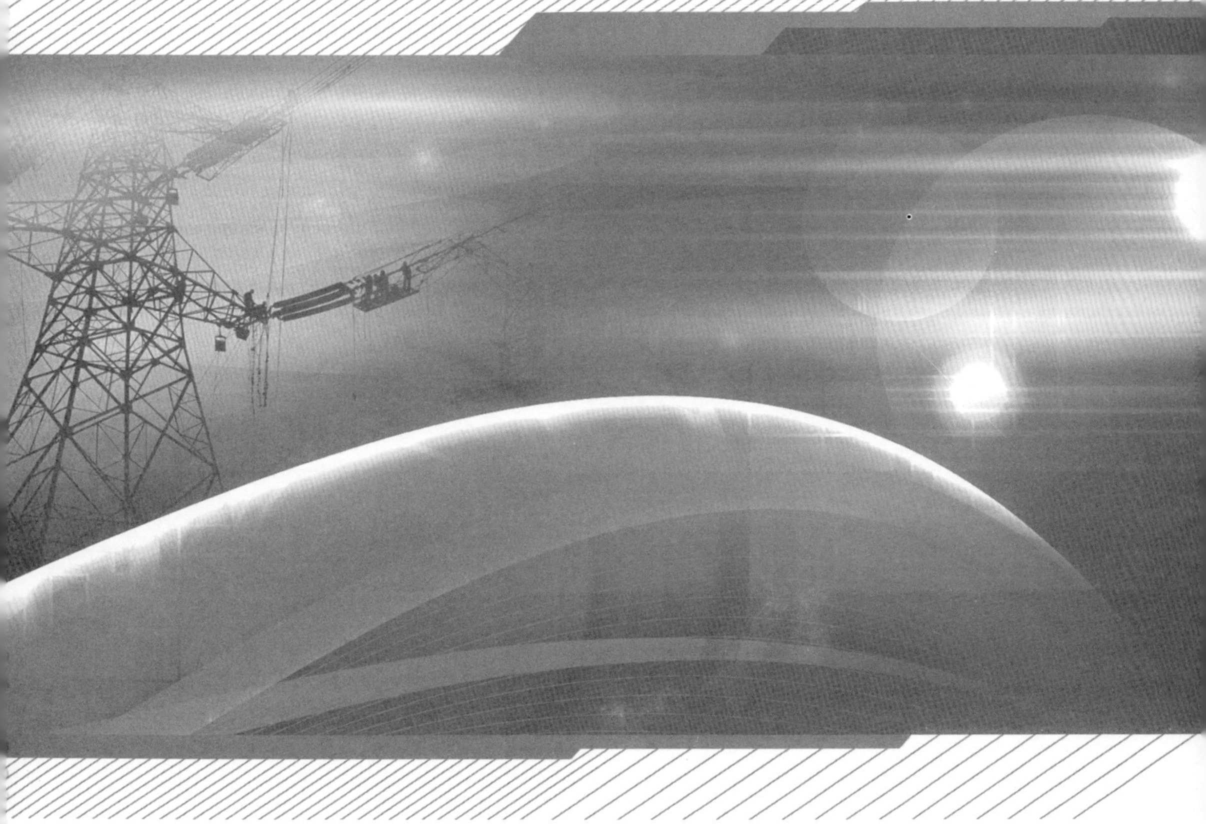

暨南大學出版社
JINAN UNIVERSITY PRESS

中国·广州

图书在版编目（CIP）数据

电力安全事故分析原理与案例分析/柳亦钢，杨开平，廖思哲主编．—广州：暨南大学出版社，2013．3
ISBN 978－7－5668－0449－5

Ⅰ．①电… Ⅱ．①柳…②杨…③廖… Ⅲ．①电力安全—事故分析 Ⅳ．①TM7

中国版本图书馆 CIP 数据核字(2012)第 302617 号

出版发行：暨南大学出版社

地　址：中国广州暨南大学
电　话：总编室（8620）85221601
营销部（8620）85225284　85228291　85228292（邮购）
传　真：（8620）85221583（办公室）　85223774（营销部）
邮　编：510630
网　址：http：//www.jnupress.com　http：//press.jnu.edu.cn

排　版：广州市天河星辰文化发展部照排中心
印　刷：广东省农垦总局印刷厂

开　本：787mm×960mm　1/16
印　张：10
字　数：114 千
版　次：2013 年 3 月第 1 版
印　次：2013 年 3 月第 1 次

定　价：26.00 元

前　言

随着我国电力事业的发展，电网规模越来越大，大型电力系统发生故障的几率越来越高，如不能及时有效地控制和处理，将可能造成系统不稳定、电网瓦解、重大设备的损坏和大面积停电以及其他灾难性的后果。因此，长期以来电网经营企业一直把防范电网事故，特别是防止大面积停电和电网瓦解事故，作为确保电网安全、稳定运行工作的重中之重。

安全管理在生产过程中有着不可动摇的地位，提高安全意识、预防事故发生是企业生产过程中不懈的追求。电力安全管理不仅具有安全管理的基本特性，还具有专业性强的特殊性。目前，市面上安全管理方面的书籍多以纯粹的理论叙述或者以纯粹的电力事故案例为编制思路，没有将理论知识与事故分析相结合，理论叙述比较空洞，事故分析无据可依。

针对以上问题，我们突破传统，编写了本书。本书以电力安全基本原理为起点，囊括事故应急预案、事故致因理论、事故分析方法，并着重突出事故案例分析，将事故基本原理与分析方法相结合，形成了一套理论与实际相结合的体系。

本书立足于电力安全工作实际，总结了电力安全管理、事故分析经验，并进行开拓创新，反映了电力安全事故管理与事故分析的最新发展，对安全意识的提高、事故致因理论的学习、事故分析方法的掌握及其它们的运用具有重要指导意义。

目　录

第一章　事故基本知识

一、事故的定义

事故是指人们在进行有目的的活动时，突然发生的违反人们意愿，并可能使有目的的活动发生暂时性或永久性中止，造成人员伤亡或（和）财产损失的意外事件。简单来说，即凡是引起人身伤害、导致生产中断或国家财产损失的所有事件统称为事故。

电力安全事故是指电力生产、电网运行过程中发生的影响电力系统安全稳定运行或者影响电力（或热力）正常供应的事故（包括热电厂发生的影响热力正常供应的事故）。

二、事故的基本特性

大量的事故调查、统计、分析表明，事故有其自身特有的属性。掌握和研究这些特性，对于指导人们认识事故、了解事故和预防事故具有重要意义。

（一）普遍性

自然界中充满着各种各样的危险，人类的生产、生活过程中也总是伴随着危险，所以发生事故的可能性普遍存在。危险是客观存在的，在不同的生产、生活过程中，危险性各不相同，事故发生的可能性也就存在着差异。

（二）随机性

事故发生的时间、地点、形式、规模和事故后果的严重程度都是不确定的。何时、何地、发生何种事故，其后果如何，这些都很难预测，从而给事故的预防带来一定困难。但是，在一定的范围内，事故的随机性遵循数理统计规律，亦即在大量事故统计资料的基础上，可以找出事故发生的规律，预测事故发生概率的大小。因此，事故统计分析对于制定正确的预防措施具有重要作用。

（三）必然性

危险不但是客观存在的，而且是绝对的。因此，人们在生产、生活过程中必然存在发生事故的可能性，只不过事故发生的概率、人员伤亡的数量和财产损失的严重程度不同而已。人们采取措施预防事故，只能延长事故发生的时间间隔，降低事故发生的概率，但并不能完全杜绝事故的发生。

（四）因果相关性

事故是由系统中相互联系、相互制约的多种因素共同作用的结果。导致事故的原因多种多样。从总体上来看，事故原因可分为人的不安全行为、物的不安全状态、环境的不良以及管理缺陷等因素。从逻辑上来看，又可分为直接原因、间接原因等。这些原因在系统中相互作用、相互影响，在一定条件下发生突变，即酿成事故。通过事故调查分析，探求事故发生的因果关系，查清事故发生的直接原因、间接原因和主要原因，对于预防事故发生具有积极作用。

（五）突变性

系统由安全状态转化为事故状态，这实际上是一种突变现象。事故一旦发生，往往十分突然，令人措手不及。因此，制订事故预案，加强应急救援训练，提高作业人员的应激反应能力和应急救援水平，对于减少人员伤亡和财产损失尤为重要。

（六）潜伏性

事故的发生具有突变性，但在事故发生之前存在一个量变过程，即系统内部相关参数的渐变过程，所以事故具有潜伏性。一个系统在很长一段时间内没有发生事故，并非就意味着该系统是安全的。因为它可能存在事故隐患。这种系统在事故发生之前所处的状态不稳定，而为了达到系统的稳定状态，系统要素在不断地发生变化。当某一触发因素出现时，即可导致事故。事故的潜伏性往往会导致人们的麻痹大意，从而酿成重大恶性事故。

（七）危害性

事故往往造成一定的财产损失或人员伤亡，严重的会制约企业的发展，给社会稳定带来不良影响。因此，人们面对危险，应全力抗争并追求安全。

（八）可预防性

尽管事故的发生是必然的，但我们可以通过采取控制措施来预防事故的发生或延长事故发生的时间间隔。充分认识事故的这一特性，对于防止事故发生有积极作用。通过事故调查，探求事故发生的原因和规律，采取预防事故的措施，可降低事故发生的概率。

三、事故预防的基本常识

危害是指可能造成人员伤害、职业病、财产损失、作业环境破坏的根源或状态。危险是指特定危险事件发生的可能性与后果的结合。

通常为了区别客体对人体不利作用的特点和效果，我们将其分为危险因素（强调突发性和瞬间作用）和危害因素（强调在一定时间范围内的积累作用）。客观存在的危险、危害物质或能量超过临界值的设备、设施和场所，都可能成为危险因素。

事故隐患泛指现存系统中可导致事故发生的物的危险状态、人的不安全行为及管理上的缺陷。

四、危险、危害因素的产生

尽管所有危险、危害因素的表现形式不同，但从本质上讲，其之所以能造成危险、危害后果（伤亡事故、人身健康的损害和物的损坏等）均可归结为存在能量、危害物质和能量、危害物质失去控制两方面因素的综合作用，并导致能量意外释放或危害物质泄漏、散发的结果。故存在能量、危害物质和失控是危险、危害产生的根本原因，都是危险、危害因素。

（一）能量、危害物质

能量、危害物质是危险、危害产生的根源，也是最根本的危险、危害因素。一般地说，系统具有的能量越大，存在的危害物质的数量越多，系统的潜在危险性和危害性也就越大。另外，只要进行生产活动，就需要相应的能量和物质（包括危害物质），因此而产生的危险、危害因素是客观存在的，是不能完全消除的。

（1）能量就是做功的能力，它既可以造福人类，也可以造成人员伤亡和财产损失；一切产生、供给能量的能源及能量的载体在一定条件下，都可能是危险、危害因素。

（2）危害物质在一定条件下能损伤人体的生理机能和正常代谢功能，破坏设备和物品的效能，是最根本的危害因素。

（二）失控

在生产中，人们通过工艺和工艺装备使能量、物质（包括危害物质）按人们的意愿在系统中流动、转换，进行生产；同时又必须约束和控制这些能量及危害物质，消除、减弱产生不良后果的条件，使之不能产生危险、危害后果。如果失控（没有控制、屏蔽措施或控制、屏蔽措施失效），就会发生能量、危害物质的意外释放和泄漏，从而造成人员伤害和财产损失。所以失控也是一类危险、危害因素，主要体现在设备故障（或缺陷）、人员失误和管理缺陷三个方面，并且三者之间是相互影响的；大部分是一些随机出现的现象或状态，很难预测它们在何时、何地、以何种方式出现，是决定危险、危害发生的条件及可能性的主要因素。

1. 故障（包括生产、控制、安全装置和辅助设施等）

故障（含缺陷）是指系统、设备、元件等在运行过程中由于性能（含安全性能）低下而不能实现预定功能（包括安全功能）的现象。故障的发生具有随机性、渐进性或突发性，是一种随机事件。造成故障发生的原因很复杂（认识程度、设计、制造、磨损、疲劳、老化、检查和维修保养、人员操作失误、环境、其他系统的影响等），但故障发生的规律是可知的，通过定期检查、维修保养和分析总结可使多数故障在预定期间内得到控制（避免或减少）。

系统发生故障并导致事故发生的危险、危害因素主要表现在发生故障、误操作时的防护、保险、信号等装置缺乏或存在缺陷和设备在强度、刚度、稳定性、人机关系上有缺陷两方面。

2. 人员失误

人员失误泛指不安全行为中产生不良后果的行为，即职工在劳动过程中，违反劳动纪律、操作程序和方法等具有危险性的做法。人员失误在一定经济、技术条件下，是引发危险、危害因素的重要因素，但在生产过程中是不可避免的。

态度不正确、技能或知识不足、健康或生理状态不佳和劳动条件（设施条件、工作环境、劳动强度和工作时间）的不良影响都能造成不安全行为。各国根据以往的事故分析、统计资料将某些类型的行为归纳为各自定义的不安全行为。我国 GB6441 – 86 附录中将不安全行为归纳为操作失误（忽视安全、忽视警告）、造成安全装置失效、使用不安全设备、手代替工具操作、物体存放不当、冒险进入危险场所、攀坐不安全位置、在吊物下作业（停留）、机器运转时加油（修理、检查、调整、清扫等）、有分散注意力的行为、忽视使用必须使用的个人防护用品或用具、不安全装束、对易燃易爆等危险品处理错误等 13 类。

3. 管理缺陷

职业安全卫生管理是为保证及时、有效地实现目标，在预测、分析的基础上进行的计划、组织、协调、检查等工作，是预防事故发生、人员失误的有效手段。管理缺陷是失控发生的重要因素。

4. 间接因素

温度、湿度、风雨雪、照明、视野、噪声、振动、通风换气、色彩等环境因素都会引起设备故障或人员失误，也是发生失控的间接因素。

五、危险、危害因素的类别

对危险、危害因素进行分类，是为了便于进行危险、危害因素分析。危险、危害因素的分类方法有许多种。这里简单介绍两种：按导致事故和职业危害的直接原因进行分类的方法、参照事故类别和职业病类别进行分类的方法。

（一）按导致事故和职业危害的直接原因进行分类

根据GB/T13816－92《生产过程危险和有害因素分类与代码》的规定，将生产过程中的危险、危害因素分为6类。

1. 物理性危险、危害因素

（1）设备、设施缺陷（强度不够、刚度不够、稳定性差、密封不良、应力集中、外形缺陷、外露运动件、制动器缺陷、控制器缺陷、设备设施其他缺陷）。

（2）防护缺陷（无防护、防护装置和设施缺陷、防护不当、支撑不当、防护距离不够、其他防护缺陷）。

（3）电危害（带电部位裸露、漏电、雷电、静电、电火花、其他电危害）。

（4）噪声危害（机械性噪声、电磁性噪声、流体动力性噪声、其他噪声）。

（5）振动危害（机械性振动、电磁性振动、流体动力性振动、其他振动）。

（6）电磁辐射（电离辐射：X射线、γ射线、α粒子、β粒子、质子、中子、高能电子束等；非电离辐射：紫外线、激光、射频辐射、超高压电场）。

（7）运动物危害（固体抛射物、液体飞溅物、反弹物、岩土滑动、料堆垛滑动、气流卷动、冲击地压、其他运动物危害）。

（8）明火。

（9）能造成灼伤的高温物质（高温气体、高温固体、高温液体、其他高温物质）。

（10）能造成冻伤的低温物质（低温气体、低温固体、低温液体、其他低温物质）。

（11）粉尘与气溶胶（不包括爆炸性、有毒性粉尘与气溶胶）。

（12）作业环境不良（地基下沉、安全过道缺陷、采光照明不良、有害光照、通风不良、缺氧、空气质量不良、给排水不良、涌水、强迫体位、气温过高、气温过低、气压过高、气压过低、高温高湿、自然灾害、其他作业环境不良）。

（13）信号缺陷（无信号设施、信号选用不当、信号位置不当、信号不清、信号显示不准、其他信号缺陷）。

（14）标志缺陷（无标志、标志不清楚、标志不规范、标志选用不当、标志位置缺陷、其他标志缺陷）。

（15）其他物理性危险、危害因素。

2. 化学性危险、危害因素

（1）易燃易爆性物质（易燃易爆性气体、易燃易爆性液体、易燃易爆性固体、易燃易爆性粉尘与气溶胶、其他易燃易爆性物质）。

（2）自燃性物质。

（3）有毒物质（有毒气体、有毒液体、有毒固体、有毒粉尘与气溶胶、其他有毒物质）。

（4）腐蚀性物质（腐蚀性气体、腐蚀性液体、腐蚀性固体、其他腐蚀性物质）。

（5）其他化学性危险、危害因素。

3. 生物性危险、危害因素

（1）致病微生物（细菌、病毒、其他致病微生物）。

（2）传染病媒介物。

（3）致害动物。

（4）致害植物。

（5）其他生物性危险、危害因素。

4. 心理、生理性危险、危害因素

（1）负荷超限（体力负荷超限、听力负荷超限、视力负荷超限、其他负荷超限）。

（2）健康状况异常。

（3）从事禁忌作业。

（4）心理异常（情绪异常、冒险心理、过度紧张、其他心理异常）。

（5）辨识功能缺陷（感知延迟、辨识错误、其他辨识功能缺陷）。

（6）其他心理、生理性危险、危害因素。

5. 行为性危险、危害因素

（1）指挥错误（指挥失误、违章指挥、其他指挥错误）。

（2）操作失误（误操作、违章作业、其他操作失误）。

（3）监护失误。

（4）其他错误。

（5）其他行为性危险和危害因素。

6. 其他危险、危害因素

（二）参照事故类别和职业病类别进行分类

此种分类方法所列的危险、危害因素与企业职工伤亡事故处理（调查、分析、统计）、职业病处理和职工安全教育的类别基本一致，为劳动部门、行业主管部门劳动安全卫生管理人员和企业广大职工、安全管理人员所熟悉，易于接受和理解，便于实际应用。

（1）参照 GB6441－86《企业伤亡事故分类》，综合考虑起因物、引起事故的先发的诱导性原因、致害物、伤害方式等，将危险因素分为 20 类。

①物体打击，是指物体在重力或其他外力的作用下产生运动，打击人体造成人身伤亡事故，不包括因机械设备、车辆、起重机械、坍塌等引发的物体打击。

②车辆伤害，是指企业机动车辆在行驶中引起的人体坠落和物体倒塌、飞落、挤压伤亡事故，不包括起重设备提升、牵引车辆和车辆停驶时发生的事故。

③机械伤害，是指机械设备运动或静止的部件、工具、加工件直接与人体接触而引起的夹击、碰撞、剪切、卷入、绞、碾、割、刺等伤害，不包括车辆、起重机械引起的机械伤害。

④起重伤害，是指各种起重作业（包括起重机安装、检修、试验）中发生的挤压、坠落或（吊具、吊重）物体打击及触电。

⑤触电，包括雷击伤亡事故。

⑥淹溺，包括高处坠落淹溺，但不包括矿山、井下透水淹溺。

⑦灼烫，是指火焰烧伤、高温物体烫伤、化学灼伤（酸、碱、盐、有机物引起的体内外灼伤）、物理灼伤（光、放射性物质引起的体内外灼伤），不包括电灼伤和火灾引起的烧伤。

⑧火灾。

⑨高处坠落，是指在高处作业时发生坠落造成的伤亡事故，不包括触电坠落事故。

⑩坍塌，是指物体在外力或重力作用下，超过自身的强度极限或因结构稳定性破坏而造成的事故，如挖沟时的土石塌方、脚手架坍塌、堆置物倒塌等，包括矿山冒顶片帮和车辆、起重机械、爆破引起的坍塌。

⑪冒顶片帮。

⑫透水。

⑬放炮，是指爆破作业中发生的伤亡事故。

⑭火药爆炸，是指火药、炸药及其制品在生产、加工、运输、贮存中发生的爆炸事故。

⑮化学性爆炸，是指可燃性气体、粉尘等与空气混合形成爆炸性混合物，接触引爆能源时发生的爆炸事故（包括气体分解、喷雾爆炸）。

⑯物理性爆炸，包括锅炉爆炸、容器超压爆炸、轮胎爆炸等。

⑰容器爆炸。

⑱其他爆炸。

⑲中毒和窒息，包括中毒、缺氧窒息、中毒性窒息。

⑳其他伤害，是指除上述以外的危险因素，如摔、扭、挫、擦、刺、割伤和非机动车碰撞、轧伤等。

（2）参照卫生部、原劳动部、总工会等制定的《职业病范围和职业病患者处理办法的规定》，将危害因素分为生产性粉尘、毒物、噪声与振动、高温、低温、辐射（电离辐射、非电离辐射）、其他危害因素等 7 类。

六、危害因素的主要辨识内容

在危害因素的辨识与危险评价过程中，应对以下主要方面存在的危险、危害因素进行分析与评价：

（一）厂址

厂址的工程地质、地形、自然灾害、周围环境、气象条件、资源交通、抢险救灾支持条件等。

（二）厂区平面布局

1. 总图

功能分区（生产、管理、辅助生产、生活区）布置；高温、危害物质、噪声、辐射、易燃易爆和危险品设施布置；工艺流程布置；建筑物、构筑物布置；风向、安全距离、卫生防护距离等。

2. 运输线路及码头

厂区道路、厂区铁路、危险品装卸区、厂区码头等。

（三）建（构）筑物

结构、防火、防爆、朝向、采光、运输、（操作、安全、运输、检修）通道、生产设施和卫生设施。

（四）生产工艺过程

物料毒性、腐蚀性、燃爆性，温度，压力，速度，作业及控制条件，事故及失控状态。

（五）生产设备、装置

（1）化工设备、装置。

高温、低温、腐蚀、高压、振动、关键部位的备用设备、控制、操作、检修和故障、失误时的紧急异常情况。

（2）机械设备。

运动零部件和工件、操作条件、检修作业、误运转和误操作。

（3）电气设备。

断电、触电、火灾、爆炸、误运转和误操作、静电、雷电。

（4）危险性较大设备、高处作业设备。

（5）特殊单体设备、装置。

如锅炉房、乙炔站、氧气站、石油库、危险品库等。

（6）粉尘、毒物、噪声、振动、辐射、高温、低温等有害作业部位。

（7）工时制度、女职工劳动保护、体力劳动强度。

（8）管理设施、事故应急抢救设施和辅助生产、生活卫生设施。

七、危害因素的辨识和分析方法

危害辨识过程是事故预防、安全评价、重大危险源监督管理、建立应急预案体系以及建立职业安全卫生管理体系的基础，许多系统安全评价方法都可用来辨识危险、危害因素。常用的辨识方法大致可分为两大类：

（一）直观经验法

1. 对照、经验法

对照、经验法是指对照有关标准、法规、检查表或依靠分析人员的观察分析能力，借助经验和判断能力直观地评价对象危险性和危害性的方法。经验法是辨识常用的方法，优点是简便、易行，缺点是受辨识人员知识、经验和占有资料的限制，对危险、危害因素的辨识可能出现遗漏。

对照事先编制的检查表辨识危险、危害因素，可弥补知识、经验不足的缺陷，具有方便、实用、不易遗漏的优点，但需有事先编制的、适用的检查表。由美国职业安全卫生局（OHSA）制定并发行的各种用于辨识危险、危害因素的检查表，以及我国一些行业的安全检查表、事故隐患检查表，都可作为借鉴。

2. 类比方法

利用相同或相似系统或作业条件的经验和安全生产事故的统计资料来类推并分析评价对象的危险、危害因素。多用于危害因素和作业条件危险因素的辨识。

（二）系统安全分析方法

系统安全分析方法是指应用系统安全工程评价方法的部分方法进行危害辨识的方法，该方法常用于复杂系统或没有事故经验的新开发系统。常用的系统安全分析方法有事件树（ETA）、事故树（FTA）等。美国拉氏姆逊教授曾在没有先例的情况下，大规模、有效地使用 FTA、ETA 方法，分析了核电站的危险、危害因素，并被后来发生的核电站事故所证实。

第二章　应急预案

随着现代化生产的发展，其规模日趋扩大，生产过程中的巨大能量往往潜藏着危险源，一旦发生重大火灾、爆炸、毒物泄漏事故，危害极大。因此，需要制定万一发生事故后应采取的紧急措施和应急方法。事故应急系统是指通过事前计划和应急措施，充分利用一切可能的力量，在事故发生后迅速控制事故发展并尽可能排除事故，保护现场人员和场外人员的安全，将事故对人员、财产和环境造成的损失降至最低程度。

应急预案是应急救援系统的重要组成部分，是针对各种可能发生的事故所需的应急行动而制定的指导性文件。针对各种不同的紧急情况制订有效的应急预案不仅可以指导应急人员的日常培训和演习，保证各种应急资源处于良好的备战状态，而且可以指导应急行动按计划有序地进行，防止因行动组织不力或现场救援工作的混乱而延误事故应急行动，从而降低人员伤亡和财产损失。

一、应急预案的编制

（一）编制准备

编制应急预案应做好以下准备工作：

（1）全面分析本单位危险因素、可能发生的事故类型及事故的危害程度。

（2）排查事故隐患的种类、数量和分布情况，并在隐患治理的基础上，预测可能发生的事故类型及其危害程度。

（3）确定事故危险源，进行风险评估。

（4）针对事故危险源和存在的问题，确定相应的防范措施。

（5）客观评价本单位的应急能力。

（6）充分借鉴国内外同行业的事故教训及应急工作经验。

（二）编制程序

1. 应急预案编制工作组

结合本单位部门职能分工，成立以单位主要负责人为领导的应急预案编制工作组，明确编制任务、职责分工，制订工作计划。

2. 资料收集

收集应急预案编制所需的各种资料，如相关法律法规、应急预案、技术标准、国内外同行业事故案例分析、本单位技术资料等。

3. 危险源与风险分析

在危险因素分析及事故隐患排查、治理的基础上，确定本单位的危险源、可能发生事故的类型和后果，进行事故风险分析，并指出事故可能产生的次生、衍生事故，形成分析报告，分析结果作为应急预案的编制依据。

4. 应急能力评估

对本单位应急装备、应急队伍等应急能力进行评估，并结合本单位实际，加强应急能力建设。

5. 应急预案编制

针对可能发生的事故，按照有关规定和要求编制应急预案。在应急预案编制过程中，应注重全体人员的参与和培训，使所有与事故有关的人员均掌握危险源的危险性、应急处置方案和技能。应急预案应充分利用社会应急资源，与地方政府预案、上级主管单位以及相关部门的预案相衔接。

6. 应急预案评审与发布

应急预案编制完成后，应进行评审。内部评审由本单位主要负责人组织有关部门和人员进行；外部评审由上级主管部门或地方政府负责安全管理的部门组织进行。评审后，再按规定报有关部门备案，并经生产经营单位主要负责人签署发布。

二、应急预案的分类

突发事件是指突然发生的，造成或者可能造成严重社会危害，需要采取应急处置措施予以应对的自然灾害、事故灾难、公共卫生事件和社会安全事件。

根据突发公共事件的发生过程、性质和机理，突发公共事件主要分为以下四类：

（一）自然灾害

主要包括水旱灾害、气象灾害、地震灾害、地质灾害、海洋灾害、生物灾害和森林草原火灾等。

（二）事故灾难

主要包括工矿商贸等企业的各类安全事故、交通运输事故、公共设施和设备事故、环境污染和生态破坏事件等。

（三）公共卫生事件

主要包括传染病疫情、群体性不明原因疾病、食品安全和职业危害、动物疫情以及其他严重影响公众健康和生命安全的事件。

（四）社会安全事件

主要包括恐怖袭击事件、经济安全事件和涉外突发事件等。

各类突发公共事件按照其性质、严重程度、可控性和影响范围等因素，一般分为四级：Ⅰ级（特别重大）、Ⅱ级（重大）、Ⅲ级（较大）和Ⅳ级（一般）。

三、应急预案的类型

应急预案应形成体系，针对各级各类可能发生的事故和所有危险源制订专项应急预案和现场应急处置方案，并明确事前、事发、事中、事后的各个过程中相关部门和有关人员的职责。对于生产规模小、危险因素少的生产经营单位，综合应急预案和专项应急预案可以合并编写。

（一）综合应急预案

综合应急预案是从总体上阐述处理事故的应急方针、政策，应急组织结构及相关应急职责，应急行动、措施和保障等基本要求和程序，是应对各类事故的综合性文件。

（二）专项应急预案

专项应急预案是针对具体的事故类别（如煤矿瓦斯爆炸、危险化学品泄漏等事故）、危险源和应急保障而制订的计划或方案，是综合应急预案的组成部分，应按照综合应急预案的程序和要求组织制订，并作为综合应急预案的附件。专项应急预案应制定明确的救援程序和具体的应急救援措施。

（三）现场处置方案

现场处置方案是针对具体的装置、场所或设施、岗位而制定的应急处置措施。现场处置方案应具体、简单、针对性强。现场处置方案应根据风险评估及危险性控制措施逐一编制，确保事故相关人员知晓且熟练掌握，并通过应急演练，做到迅速反应、正确处置。

四、综合应急预案的主要内容

（一）总则

1. 编制目的

简述应急预案编制的目的、作用等。

2. 编制依据

简述应急预案编制所依据的法律法规、规章以及有关行业管理规定、技术规范和标准等。

3. 适用范围

说明应急预案适用的区域范围以及事故的类型、级别。

4. 应急预案体系

说明本单位应急预案体系的构成情况。

5. 应急工作原则

说明本单位应急工作的原则，内容应简明扼要、明确具体。

（二）生产经营单位的危险性分析

1. 生产经营单位概况

主要包括单位地址、从业人数、隶属关系、主要原材料、主要产品、产量等内容，以及周边重大危险源、重要设施、目标、场所和周边布局等情况。必要时，可附平面图进行说明。

2. 危险源与风险分析

主要阐述本单位存在的危险源及风险分析结果。

（三）组织机构及职责

1. 应急组织体系

明确应急组织形式、构成单位或相关人员，并尽可能地以结构图的形式表示出来。

2. 指挥机构及职责

明确应急救援指挥机构总指挥、副总指挥、各成员单位及其相应职责。应急救援指挥机构根据事故类型和应急工作需要，可以设置相应的应急救援工作小组，并明确各小组的工作任务及职责。

（四）预防与预警

1. 危险源监控

明确本单位对危险源监测监控的方式、方法以及采取的预防措施。

2. 预警行动

明确事故预警的条件、方式、方法和信息的发布程序。

3. 信息报告与处置

按照有关规定，明确事故及未遂事故的信息报告与处置办法。

（1）信息报告与通知。明确24小时应急值守电话、事故信息接收和通报程序。

（2）信息上报。明确事故发生后向上级主管部门和地方人民政府报告事故信息的流程、内容和时限。

（3）信息传递。明确事故发生后向有关部门或单位通报事故信息的方法和程序。

（五）应急响应

1. 响应分级

针对事故危害程度、影响范围和单位控制事态的能力，将事故分为不同等级。按照分级负责的原则，明确应急响应级别。

2. 响应程序

根据事故的大小和发展态势，明确应急指挥、应急行动、资源调配、应急避险、扩大应急等响应程序。

3. 应急结束

明确应急终止的条件。事故现场得以控制，环境符合有关标准，次生、衍生事故的隐患消除后，经事故现场应急指挥机构批准后，现场应急结束。应急结束后，应明确：

（1）事故情况上报事项。

（2）需向事故调查处理小组移交的相关事项。

（3）事故应急救援工作总结报告。

（六）信息发布

明确事故信息的发布部门和发布原则。事故信息应由事故现场指挥部及时准确地向新闻媒体通报事故信息。

（七）后期处置

主要包括污染物处理、事故后果影响消除、生产秩序恢复、善后赔偿、抢险过程和应急救援能力的评估及应急预案的修订等内容。

（八）保障措施

1. 通信与信息保障

明确与应急工作相关的单位或人员的联系方式和方法，并提供备用方案。建立信息通信系统并制订维护方案，确保应急期间信息通畅。

2. 应急队伍保障

明确各类应急响应的人力资源，包括专业应急队伍、临时应急队伍的组织与保障方案。

3. 应急物资装备保障

明确应急救援需要使用的应急物资和装备的类型、数量、性能、存放位置、管理责任人及其联系方式等内容。

4. 经费保障

明确应急专项经费来源、使用范围、数量和监督管理措施，保障应急状态时生产经营单位应急经费的及时到位。

5. 其他保障

根据本单位应急工作需求而确定的其他相关保障措施，如交通运输保障、治安保障、技术保障、医疗保障、后勤保障等。

（九）培训与演练

1. 培训

明确对本单位人员开展的应急培训计划、方式和要求。如果预案涉及社区和居民，则要做好宣传教育和告知等工作。

2. 演练

明确应急演练的规模、方式、频次、范围、内容、组织、评估、总结等内容。

（十）奖惩

明确事故应急救援工作中奖励和处罚的条件和内容。

（十一）附则

1. 术语和定义

对应急预案涉及的一些术语进行定义。

2. 应急预案备案

明确本应急预案的报备部门。

3. 维护和更新

明确应急预案维护和更新的基本要求，定期进行评审，实现可持续改进。

4. 制定与解释

明确应急预案负责制订与解释的部门。

5. 应急预案实施

明确应急预案实施的具体时间。

五、专项应急预案的主要内容

（一）事故类型和危害程度分析

在危险源评估的基础上，对可能发生的事故类型和可能发生的时间及严重程度进行确定。

（二）应急处置基本原则

明确处置安全生产事故应当遵循的基本原则。

（三）组织机构及职责

1. 应急组织体系

明确应急组织形式、构成单位或有关人员，并尽可能地以结构图的形式表示出来。

2. 指挥机构及职责

根据事故类型，明确应急救援指挥机构总指挥、副总指挥以及各成员单位或人员的具体职责。应急救援指挥机构可以设置相应的应急救援工作小组，明确各小组的工作任务及主要负责人的职责。

（四）预防与预警

1. 危险源监控

明确本单位对危险源监测监控的方式、方法以及采取的预防措施。

2. 预警行动

明确具体事故预警的条件、方式、方法和信息的发布程序。

（五）信息报告程序

主要包括：

（1）确定报警系统及程序。

（2）确定现场报警方式，如电话、警报器等。

（3）确定全天24小时与相关部门的通信、联络方式。

（4）明确相互认可的通告、报警形式和内容。

（5）明确应急反应人员向外求援的方式。

（六）应急处置

1. 响应分级

针对事故危害程度、影响范围和本单位控制事态的能力，将事故分为不同等级。按照分级负责的原则，明确应急响应级别。

2. 响应程序

根据事故的大小和发展态势，明确应急指挥、应急行动、资源调配、应急避险、扩大应急等响应程序。

3. 处置措施

针对本单位事故类别和可能发生的事故特点、危险性，制定应急处置措施，如煤矿瓦斯爆炸、冒顶片帮、火灾、透水等事故应急处置措施，危险化学物品火灾、爆炸、中毒等事故应急处置措施。

（七）应急物资与装备保障

明确应急处置所需的物资与装备的数量、管理、维护和正确使用等。

六、现场处置方案的主要内容

（一）事故特征

主要包括：

（1）危险性分析、可能发生的事故类型。

（2）事故发生的区域、地点或装置的名称。

（3）事故可能发生的季节和造成的危害程度。

（4）事故前可能出现的征兆。

（二）应急组织与职责

主要包括：

（1）基层单位应急自救的组织形式及人员构成情况。

（2）应急自救组织机构、人员的具体职责，应同单位或车间、班组人员的工作职责紧密结合，明确相关岗位和人员的应急工作职责。

（三）应急处置

主要包括以下内容：

（1）事故应急处置程序。根据可能发生的事故类别及现场情况，明确事故报警、各项应急措施启动、应急救护人员的引导、事故扩大及同企业应急预案相衔接的程序。

（2）现场应急处置措施。针对可能发生的火灾、爆炸、危险化学品泄漏、坍塌、水患、机动车辆伤害等，从操作措施、工艺流程、现场处置、事故控制、人员救护、消防、现场恢复等方面制定明确的应急处置措施。

（3）报警电话及上级管理部门、相关应急救援单位的联络方式和联系人员，事故报告的基本要求和内容。

（四）注意事项

主要包括：

（1）佩戴个人防护器具方面的注意事项。

（2）使用抢险救援器材方面的注意事项。

（3）采取救援对策或措施方面的注意事项。

（4）现场自救和互救注意事项。

（5）现场应急处置能力确认和人员安全防护等事项。

（6）应急救援结束后的注意事项。

（7）其他需要特别警示的事项。

七、应急培训与演习

（一）应急预案培训的原则和范围

应急培训与演习的指导思想应以加强基础、突出重点、边练边战、逐步提高为原则。

应急培训与演习的基本任务是锻炼和提高队伍在突发事故情况下的快速抢险堵源、及时营救伤员、正确指导和帮助群众防护或撤离、有效消除危害后果、提高现场急救和伤员转送等应急救援技能和应急反应综合素质，从而有效降低事故危害，减少事故损失。

应急培训的范围应包括：

（1）政府主管部门培训。

（2）社区居民培训。

（3）企业全员培训。

（4）专业应急救援队伍培训。

（二）应急培训的基本内容

基本应急培训是指对参与应急行动所有相关人员进行的最低程度的应急培训，要求应急人员了解和掌握如何识别危险、如何采取必要的应急措施、如何启动紧急情况警报系统、如何安全疏散人群等基本操作。尤其是火灾应急培训以及危险物质事故应急的培训，因为火灾和危险品事故是常见的事故类型，因此，培训要加强与灭火操作有关的训练，强调危险物质事故的不同应急水平和注意事项等内容。主要包括：

（1）报警。

（2）疏散。

（3）火灾应急培训。

（4）不同水平应急者培训。

具体培训中，通常将应急者分为五种水平，每一种水平都有相应的培训要求：

（1）初级意识水平应急者。

（2）初级操作水平应急者。

（3）危险物质专业水平应急者。

（4）危险物质专家水平应急者。

（5）事故指挥者水平应急者。

（三）训练和演习类型

应急演练可采用包括桌面演练、功能演练和全面演练在内的多种演练类型。实施不同的应急演练可以达到相应的演练目的。

1. 桌面演练

桌面演练是指由应急组织的代表或关键岗位人员参加的，按照应急预案及其标准运作程序讨论紧急情况时应采取行动的演练活动。桌面演练的主要特点是对演练情景进行第一次演练，一般是在会议室内举行的非正式活动。主要作用是在没有时间压力的情况下，演练人员检查和解决应急预案中的问题并获得一些建设性的讨论结果。主要目的是在友好、较小压力的情况下，锻炼演练人员解决问题的能力以及解决应急组织相互协作和职责划分的问题。

桌面演练只需展示有限的应急响应和内部协调活动，应急响应人员主要来自本地应急组织，事后一般采取口头评论形式收集演练人员的建议，并提交一份简短的书面报告，总结演练活动和提出有关改进应急响应工作的建议。桌面演练方法成本较低，主要是为功能演练和全面演练作准备。

2. 功能演练

功能演练是指针对某项应急响应功能或其中某些应急响应活动而举行的演练活动。功能演练一般在应急指挥中心进行，并可同时开展现场演练，调用有限的应急设备，主要目的是针对应急响应功能，检验应急响应人员以及应急管理体系的策划和响应能力。例如指挥和控制功能的演练，其目的是检测、评价多个政府部门在一定压力情况下集权式的应急运行和及时响应能力；又如针对交通运输活动的演练，其目的是检验地方应急响应官员建立现场指挥所，协调现场应急响应人员、交通运载工具的能力。

功能演练比桌面演练规模要大，需动员更多的应急响应人员和组织，必要时还可要求国家级应急响应机构参与演练过程，为演练方案设计、协调和评估工作提供技术支持，因而协调工作的难度也随着参与应急组织的增多而增大。

3. 全面演练

全面演练指针对应急预案中全部或大部分的应急响应功能，检验、评价应急组织应急运行能力的演练活动。全面演练一般要求持续几个小时，采取交互式进行，演练过程要求尽量真实，需调用更多的应急响应人员和资源，并开展人员、设备及其他资源的实战性演练，以展示相互协调的应急响应能力。

与功能演练类似，全面演练也要有负责应急运行、协调和政策拟订人员的参与，以及国家级应急组织人员在演练方案设计、协调和评估工作提供的技术支持，但全面演练过程中，这些人员或组织的演示范围要比功能演练更广。

三种演练类型的最大差别在于演练的复杂程度和规模、所需评价人员的数量，这些与实际演练、演练规模、地方资源等状况有关。无论选择何种应急演练方法，都必须适应辖区重大事故应急管理的需求和资源条件。

实施预案演练所要落实的工作：

（1）应急演练方案编制。

方案的内容包括：题目（如×××项目火灾事故应急演练方案），演练地点，危险源简述，演练目的，演练时间，公司领导讲话，现场指挥和副指挥，应急预案领导小组机构，演练前的准备工作（演练前一天通报、现场布局、车辆、资料采集、新闻单位联络、参演人员），演练内容，相关要求等。

（2）应急演练程序设计。

（3）演练所需各种资源、设施准备。

（4）演练参与人员的培训。

（5）做好演练现场的维护。

（6）演练结束做好总结。根据演练发现的不足对预案进行修订。

第三章　事故致因理论

从事故的定义和特性可知，事故是违背人的意志而发生的意外事件，而且事故具有明显的因果性和规律性。因而，要想找出事故的根本原因，从而预防和控制事故，就必须在各种各样的事故中发现共性的东西，把其概括出来，即把感性的认识与积累的经验升华到理论的水平，再来指导实践，并在此基础上制订出事故控制的最有效的方案。事故致因理论是从大量典型事故的本质原因的分析中提炼出来的事故机理和事故模型。这些机理和模型反映了事故发生的规律性，能够为事故作定性定量分析。为预测、预防事故，改进安全管理工作，从理论上提供科学的、完整的依据。

一、事故频发倾向理论

（一）事故频发倾向

事故频发倾向（Accident Proneness）是指个别人容易发生事故的、稳定的、个人的内在倾向。1919 年英国的格林伍德（M. Greenwood）和伍兹（H. H. Woods）对许多工厂里事故发生次数资料按如下三种统计分布进行了统计检验：泊松分布（Poisson Distribution）、偏倚分布（Biased Distribution）和非均等分布（Distribution of Unequal Liability）。通过统计分析，发现工厂中存在着事故频发倾向者。

1939 年，法默（Farmer）和查姆勃（Chamber）明确提出了事故频发倾向的概念，认为事故频发倾向者的存在是工业事故发生的主要原因。

（二）事故遭遇倾向

事故遭遇倾向（Accident Liability）是指某些人员在某些生产作业条件下容易发生事故的倾向。

许多研究结果表明，事故的发生不仅与个人因素有关，而且与生产条件，工人的年龄、工作经验、熟练程度有关。明兹（A. Mintz）和布卢姆（M. L. B）建议用事故遭遇倾向取代事故频发倾向的概念。

（三）关于事故频发倾向理论

自格林伍德的研究起，迄今已有无数的研究者对事故频发倾向理论的科学性问题进行了专门的研究探讨，关于事故频发倾向者存在与否的问题一直存有争议。而实际上，事故遭遇倾向就是事故频发倾向理论的修正。

近年来许多研究结果认为，“事故频发倾向者”并不存在。事实上，把多次发生事故的工人调离以后，企业的事故发生率并没有降低；而某一段时间里发生事故次数多的工人，在企业安全生产条件改善以后往往不再发生多发事故。数十年的实验研究很难找出“事故频发者”的稳定个人特征。换言之，许多人发生事故只是由于他们行为的某种临时特征引起的。

二、事故因果连锁理论

（一）海因里希的事故因果连锁理论

海因里希是最早提出事故因果连锁理论的研究者，他用该理论阐明了导致伤亡事故的各种因素之间的关系，以及这些因素与伤害之间的关系。该理论的核心思想是：伤亡事故的发生不是一个孤立的事件，而是一系列原因事件相继发生的结果，即伤害与各原因之间具有连锁关系。

海因里希提出的事故因果连锁过程包括如下五种因素，如图3-1所示。

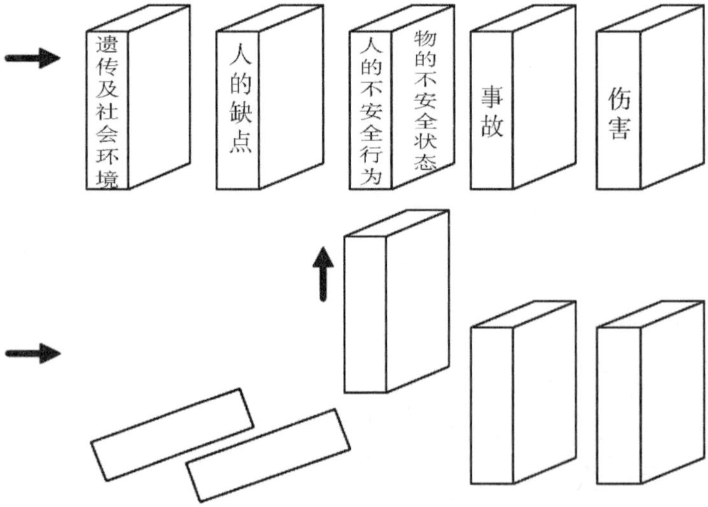

图3-1　海因里希事故因果连锁示意图

第一，遗传及社会环境（M）。遗传及社会环境是造成人的缺点的原因。遗传因素可能使人具有鲁莽、固执、粗心等对于安全来说属于不良的性格；社会环境可能会妨碍人的安全素质培养，助长不良性格的发展。这种因素是因果链上最基本的因素。

第二，人的缺点（P），即由于遗传和社会环境因素所造成的人的缺点。人的缺点是使人产生不安全行为或造成物的不安全状态的原因。这些缺点既包括诸如鲁莽、固执、易过激、神经质、轻率等性格上的先天性缺陷，也包括诸如缺乏安全生产知识和技能等后天性不足。

第三，人的不安全行为或物的不安全状态（H）。这二者是造成事故的直接原因。海因里希认为，人的不安全行为是由于人的缺点而产生的，是造成事故的主要原因。

第四，事故（D），事故是一种由于物体、物质或放射线等对人体发生作用，使人员受到或可能受到伤害的、出乎意料的、失去控制的事件。

第五，伤害（A），即直接由事故产生的人身伤害。

海因里希用多米诺骨牌来形象地描述这种事故因果连锁关系，在多米诺骨牌系列中，如果一块骨牌被碰倒了，则将发生连锁反应，其余的几块骨牌相继被碰倒。如果移去连锁中的一块骨牌，则连锁被破坏，事故过程被中止。海因里希认为，企业事故预防工作的中心就是防止人的不安全行为，消除机械的或物质的不安全状态，中断事故连锁的进程而避免事故的发生。

海因里希的理论也存在着不足，如它对事故致因连锁关系的描述过于绝对化、简单化。事实上，各个骨牌（因素）之间的连锁关系是复杂的、随机的。前面的牌倒下后，后面的牌可能倒下，也可能不倒下。并非所有事故都会造成伤害，不安全行为或不安全状态也并不会必然造成事故，等等。尽管如此，海因里希的事故因果连锁理论促进了事故致因理论的发展，成为事故研究科学化的先导，具有重要的历史地位。

（二）博德的事故因果连锁理论

博德在海因里希事故因果连锁理论的基础上，提出了与现代安全观点更加吻合的事故因果连锁理论。

博德的事故因果连锁过程同样有五个因素，但各个因素的含义与海因里希的有所不同，如图 3－2 所示。

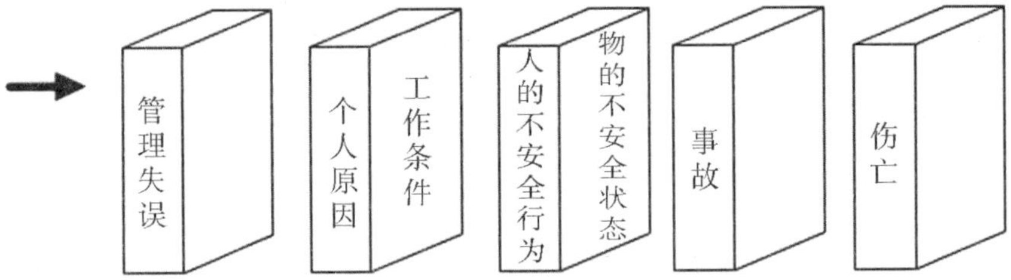

图 3－2　博德事故因果连锁理论示意图

第一，控制不足——管理。

对于大多数企业来说，由于各种原因，完全依靠工程技术措施来预防事故既不经济也不现实，只能通过完善安全管理工作，经过较大的努力，才能防止事故发生。企业管理者必须认识到，只要生产没有实现本质安全化，就有发生事故及伤害的可能性，因此，安全管理是企业管理的重要一环。

安全管理系统要随着生产的发展变化而不断调整完善，十全十美的管理系统是不存在的。由于安全管理上的缺陷，致使造成事故发生的其他原因出现。

第二，基本原因——起源论。

这方面的原因是由于管理缺陷造成的。个人原因包括缺乏安全知识或技能、行为动机不正确、生理或心理有问题等；工作条件原因包括安全操作规程不健全，设备、材料不合适，以及存在温度、湿度、粉尘、气体、噪声、照明、工作场地状况（如打滑的地面、障碍物、不可靠支撑物）等有害作业环境因素。只有找出并控制这些原因，才能有效地防止后续原因的发生，从而防止事故发生。

第三，直接原因——征兆。

人的不安全行为或物的不安全状态是事故发生的直接原因。这种原因是进行安全管理时必须重点加以追究的原因。但是，直接原因只是一种表面现象，是深层次原因的表征。在实际工作中，不能停留在这种表面现象上，而要追究其背后隐藏的管理上的缺陷原因，并采取有效的控制措施，从根本上杜绝事故的发生。

第四，事故——接触。

这里的事故被看做是人体或物体与超过其承受阈值的能量接触，或人体与妨碍正常生理活动的物质的接触。因此，防止事故就是防止接触。可以通过对装置、材料、工艺等方面的改进来防止能量的释放，或者提高操作者识别和回避危险的能力，通过佩带个人防护用具等来防止接触。

第五，伤害—损坏——损失。

人员伤害及财物损坏统称为损失。人员伤害包括工伤、职业病、精神创伤等。

在许多情况下，可以采取恰当的措施使事故造成的损失最大限度地减小。例如，对受伤人员进行迅速正确的抢救，对设备进行抢修以及平时对有关人员进行应急训练等。

（三）亚当斯的事故因果连锁理论

亚当斯（Edward Adams）提出了与博德的事故因果连锁理论类似的事故因果连锁理论，如表 3－1 所示。

表 3－1　亚当斯的事故因果连锁理论

管理体制	管理失误		现场失误	事故	伤害或损坏
目标 组织 机能	领导者在下述方面决策错误或没做决策： 政策 目标 权威 责任 职责 注意范围 权限授予	安全技术人员在下述方面管理失误或疏忽： 行为 责任 权威 规则 指导 主动性 积极性 业务活动	不安全行为 不安全状态	伤亡事故 损坏事故 无伤害事故	对人 对物

在该理论中，事故和损失因素与博德理论相似。这里把人的不安全行为和物的不安全状态称作现场失误，其目的在于提醒人们注意不安全行为和不安全状态的性质。

亚当斯理论的意义在于对现场失误的背后原因进行了深入的研究。操作者的不安全行为及生产作业中的不安全状态等现场失误，是由于企业领导和安技人员的管理失误造成的。管理人员在管理工作中的差错或疏忽，企业领导人的决策失误，对企业经营管理及安全工作具有决定性的影响。管理失误又是由企业管理体系中的问题所导致的，这些问题包括：如何有组织地进行管理工作，确定怎样的管理目标、如何计划、如何实施等。管理体系反映了作为决策中心的领导人的信念、目标及规范，它决定各级管理人员安排工作的轻重缓急、工作基准及指导方针等重大问题。

（四）北川彻三的事故因果连锁理论

上述三种事故因果连锁模型把考察的范围局限在企业内部，用于指导企业的事故预防工作。而实际上，工业伤害事故发生的原因是很复杂的。一个国家、一个地区的政治、经济、文化、科技发展水平等诸多社会因素，对企业内部伤害事故的发生和预防有着重要的影响。

日本普遍以北川彻三的事故因果连锁理论作为指导事故预防工作的基本理论。北川彻三的事故因果连锁理论可参见表 3－2。

表 3－2　北川彻三的事故因果连锁理论

基本原因	间接原因	直接原因		
学校教育的原因 社会的原因 历史的原因	技术的原因 教育的原因 身体的原因 精神的原因 管理的原因	不安全行为 不安全状态	事故	伤害

在北川彻三的因果连锁理论中，基本原因中的各个因素已经超出了企业安全工作的范围。但是，充分认识这些基本原因因素，对于综合利用可能的科学技术、管理手段来改善间接原因因素，进而达到预防伤害事故发生的目的，是十分重要的。

（五）事故统计分析因果连锁模型

在事故原因的统计分析中，当前世界各国普遍采用图 3－3 所示的因果连锁模型。该模型着重于伤亡事故的直接原因——人的不安全行为和物的不安全状态，以及其背后的深层原因——管理失误。我国的国家标准《企业职工伤亡事故分类》就是基于这种事故因果连锁模型而制定的。

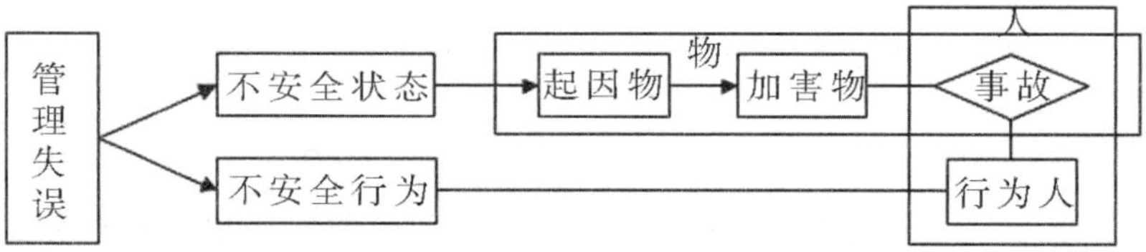

图 3－3　事故统计分析因果连锁模型

三、能量意外释放理论

吉布森（Gibson）、哈登（Haddon）等人分别于 1961 年和 1966 年提出了解释事故发生物理本质的能量意外释放理论。

（一）能量意外释放理论的概念

能量在人类的生产、生活中是不可缺少的，人类利用能量做功以实现生产目的。人类为了利用能量做功，必须控制能量。在正常生产过程中，能量在各种约束和限制下，按照人们的意志流动、转换和做功。如果由于某种原因，能量失去了控制，发生了异常或意外的释放，则将造成人员伤害。

如果意外释放的能量转移到人体，并且其能量超过了人体的承受能力，则人体将受到伤害。吉布森和哈登从能量的观点出发，指出：人受伤害的原因只能是某种能量向人体的转移，而事故则是一种能量的异常或意外的释放。

能量的种类有许多，如动能、势能、电能、热能、化学能、原子能、辐射能、声能和生物能等。人受到伤害这一情况都可以归结为上述一种或若干种能量的异常或意外释放。麦克法兰特（Mc Farland）认为："所有的伤害事故（或损坏事故）都是因为：①接触了超过机体组织（或结构）抵抗力的某种形式的过量的能量；②有机体与周围环境的正常能量交换受到了干扰，如窒息、淹溺等。因而，各种形式的能量是构成伤害的直接原因。"根据此观点，可以将能量引起的伤害分为两大类：

第一类伤害是由于转移到人体的能量超过了局部或全身性损伤阈值而产生的。人体各部分对每一种能量的作用都有一定的抵抗能力，即有一定的伤害阈值。当人体某部位与某种能量接触时，是否受到伤害及伤害的严重程度如何，主要取决于作用于人体的能量大小。作用于人体的能量超过伤害阈值越多，造成伤害的可能性越大。

第二类伤害则是由于影响局部或全身性能量交换引起的。例如，因物理因素或化学因素引起的窒息（如溺水、一氧化碳中毒等），因体温调节障碍引起的生理损害、局部组织损坏或死亡（如冻伤、冻死等）。

能量释放理论的另一个重要概念是：在一定条件下，某种形式的能量是否造成人员伤害，除了与能量大小有关以外，还与人体接触能量的时间和频率、能量的集中程度、身体接触能量的部位等有关。

用能量释放的观点分析事故致因的基本方法是：首先确认某个系统内的所有能量源；然后确定可能遭受该能量伤害的人员，伤害的严重程度；进而确定控制该类能量异常或意外转移的方法。

人体受到超过其承受能力的各种形式的能量作用时受伤害的情况如表 3－3 所示；人体与外界的能量交换受到干扰而发生伤害的情况如表 3－4 所示。

表 3－3　能量类型与伤害

能量类型	产生的伤害	事故类型
机械能	刺伤、剖伤、撕裂、挤压皮肤和肌肉、骨折、内部器官损伤	物体打击、车辆伤害、机械伤害、起重伤害、高处坠落、坍塌、冒顶片帮、放炮、火药爆炸、瓦斯爆炸、锅炉爆炸、压力容器爆炸

（续上表）

能量类型	产生的伤害	事故类型
热能	皮肤发炎、烧伤、烧焦、焚化、伤及全身	灼伤、火灾
电能	干扰神经及肌肉功能、电伤	触电
化学能	化学性皮炎、化学性烧伤、致癌、致遗传突变、致畸胎、急性中毒、窒息	中毒和窒息、火灾

表 3－4 干扰能量交换与伤害

影响能量交换类型	产生的伤害	事故类型
氧的利用	局部或全身生理损害	中毒和窒息
其他	局部或全身生理损害（冻伤、冻死）、热痉挛、热衰竭、热昏厥	

能量释放理论与其他事故致因理论相比，具有两个主要优点：一是把各种能量对人体的伤害归结为伤亡事故的直接原因，从而决定了以对能量源及能量传送装置加以控制作为防止或减少伤害发生的最佳手段这一原则；二是依照该理论建立的对伤亡事故的统计分类，是一种可以全面概括、阐明伤亡事故类型和性质的统计分类方法。

能量释放理论的不足之处是：由于意外释放的机械能（动能和势能）是造成工业伤害的主要能量形式，这就使得按能量转移观点对伤亡事故进行统计分类的方法尽管具有理论上的优越性，但在实际应用上存在困难。它的实际应用尚有待于对机械能的分类作更加深入细致的研究，以便对机械能造成的伤害进行分类。

（二）应用能量意外释放理论预防伤亡事故

从能量意外释放的观点出发，预防伤亡事故就是防止能量或危险物质的意外释放，从而防止人体与过量的能量或危险物质接触。在工业生产中，经常采用的防止能量意外释放的措施有以下几种：

（1）用较安全的能源替代危险性大的能源。

例如：用水力采煤代替爆破采煤，用液压动力代替电力等。

（2）限制能量。

例如：利用安全电压设备，降低设备的运转速度，限制露天爆破装药量等。

（3）防止能量蓄积。

例如：通过良好接地消除静电蓄积，采用通风系统控制易燃易爆气体的浓度等。

（4）降低能量释放速度。

例如：采用减振装置吸收冲击能量，使用防坠落安全网等。

（5）开辟能量异常释放的渠道。

例如：给电器安装良好的地线，在压力容器上设置安全阀等。

（6）设置屏障。

屏障是一些防止人体与能量接触的物体。屏障的设置有三种形式：①屏障被设置在能源上，如机械运动部件的防护罩、电器的外绝缘层、消声器、排风罩等；②屏障设置在人与能源之间，如安全围栏、防火门、防爆墙等；③由人员佩戴的屏障，即个人防护用品，如安全帽、手套、防护服、口罩等。

（7）从时间和空间上将人与能量隔离。

例如：道路交通的信号灯，冲压设备的防护装置等。

（8）设置警告信息。

在很多情况下，能量作用于人体之前，并不能被人直接感知，因此使用各种警告信息如各种警告标志、声光报警器等是十分必要的。

以上措施往往多种同时使用，以确保安全。此外，这些措施也要尽早使用，做到防患于未然。

（三）能量观点的事故因果连锁

调查伤亡事故原因时发现，大多数伤亡事故都是因为过量的能量或干扰人体与外界正常能量交换的危险物质的意外释放引起的，并且几乎毫无例外地，这种过量能量或危险物质的释放都是由于人的不安全行为或物的不安全状态造成的。也就是说，人的不安全行为或物的不安全状态使得能量或危险物质失去了控制，是能量或危险物质释放的导火线。

美国矿山局的札别塔基斯（Michael Zabetakis）依据能量意外释放理论，建立了新的事故因果连锁模型，如图 3－4 所示。

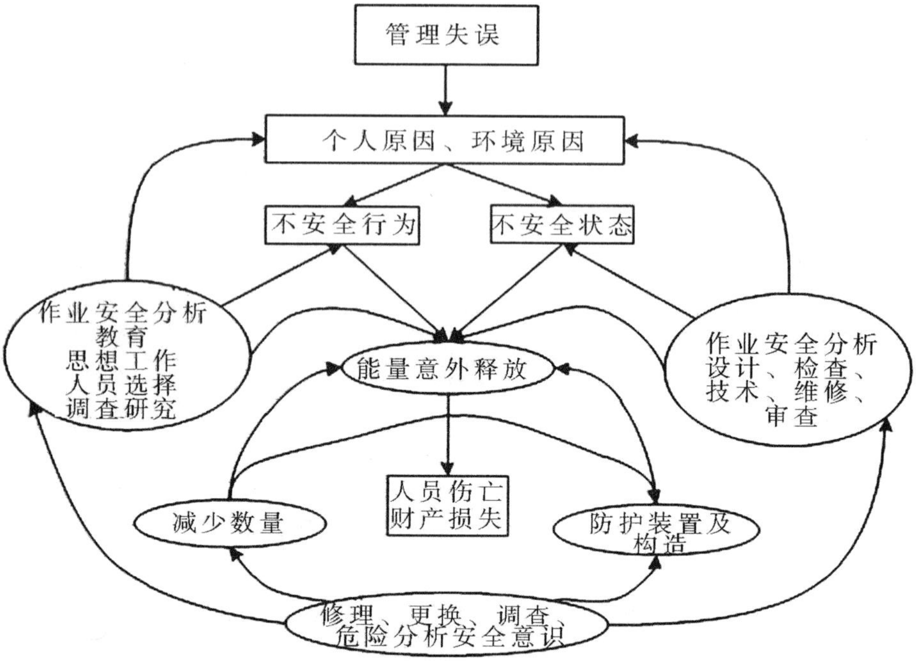

图3－4　能量观点的事故因果连锁模型

1. 事故

事故是能量或危险物质的意外释放，是伤害的直接原因。为防止事故发生，可以通过技术改进来防止能量意外释放，通过教育训练提高职工识别危险的能力，通过佩戴个体防护用品来避免伤害。

2. 不安全行为和不安全状态

人的不安全行为和物的不安全状态是导致能量意外释放的直接原因，它们是管理缺欠、控制不力，缺乏知识、对存在的危险估计错误，或其他个人因素等基本原因的征兆。

3. 基本原因

基本原因包括三个方面的问题：

（1）企业领导者的安全政策及决策。它涉及生产及安全目标，职员的配置，信息利用，责任及职权范围，职工的选择、教育训练、安排、指导和监督，信息传递，设备、装置及器材的采购、维修，正常时和异常时的操作规程，设备的维修保养等。

（2）个人因素。能力、知识、训练、动机、行为、身体及精神状态、反应时间、个人兴趣等。

（3）环境因素。为了从根本上预防事故，必须查明事故的基本原因，并针对查明的基本原因采取相应的对策。

四、基于人体信息处理的人失误事故模型

这类事故理论都有一个基本的观点，即人失误会导致事故，而人失误的发生是由于人对外界刺激（信息）的反应失误造成的。

（一）威格里斯沃思事故模型

威格里斯沃思在 1972 年提出，人失误构成了所有类型事故的基础。他把人失误定义为“（人）错误地或不适当地响应一个外界刺激”。他认为，在生产操作过程中，各种各样的信息不断地作用于操作者的感官，给操作者以刺激。若操作者能对刺激作出正确的响应，事故就不会发生；反之，如果错误或不恰当地响应了一个刺激（人失误），就有可能出现危险。危险是否会带来伤害事故，则取决于一些随机因素。

威格里斯沃思的事故模型可以用图 3－5 中的流程关系来表示。该图绘出了人失误导致事故的一般模型。

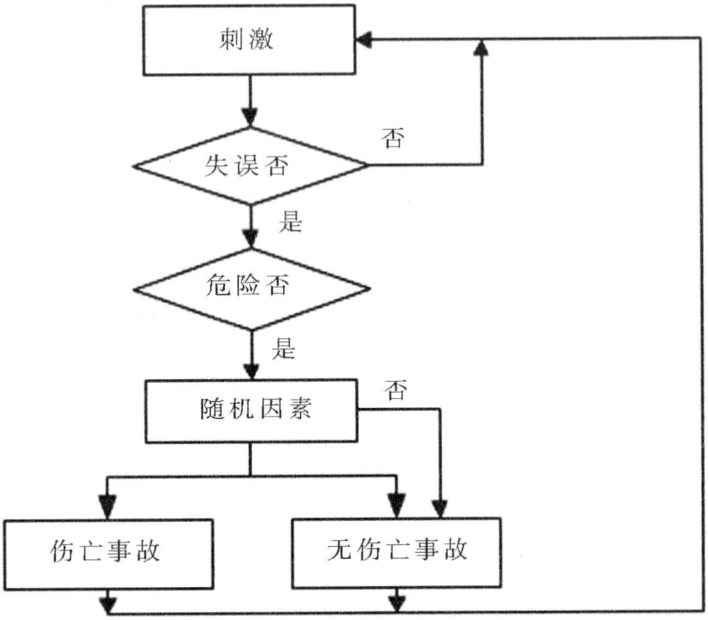

图 3-5 威格里斯沃思事故模型示意图

（二）瑟利事故模型

瑟利把事故的发生过程分为危险出现和危险释放两个阶段，这两个阶段各自包括一组类似人的信息处理过程，即知觉、认识和行为响应过程。在危险出现阶段，如果人的信息处理的每个环节都正确，危险就能被消除或得到控制；反之，只要任何一个环节出现问题，就会使操作者直接面临危险。在危险释放阶段，如果人的信息处理过程的各个环节都是正确的，则虽然面临着已经显现出来的危险，但仍然可以避免危险释放，不会带来伤害或损害；反之，只要任何一个环节出错，危险就会转化成伤害或损害。瑟利事故模型如图 3－6 所示。

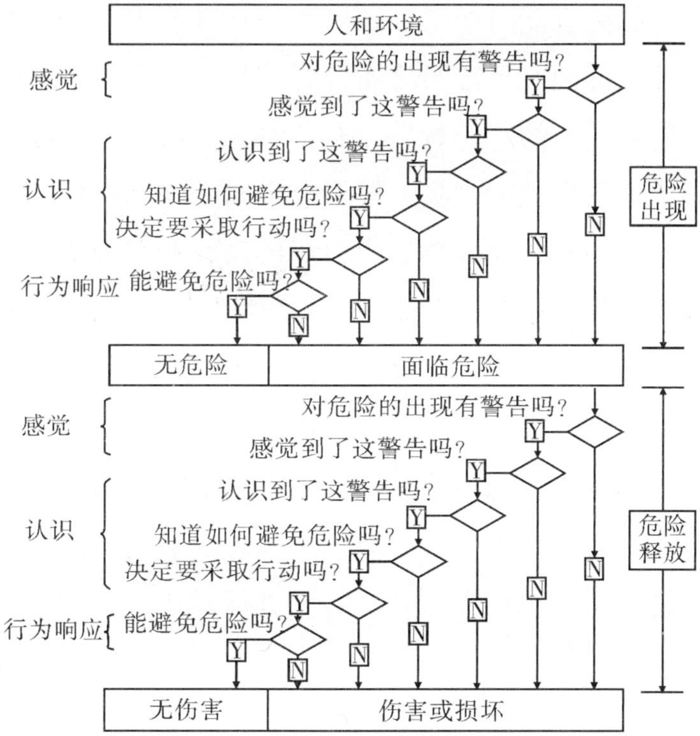

图 3－6　瑟利事故模型

由图 3－6 可以看出，两个阶段具有相类似的信息处理过程，每个过程均可被分解成六个方面的问题。下面以危险出现阶段为例，分别介绍这六个方面问题的含义。

第一个问题：对危险的出现有警告吗？这里“警告”的意思是指工作环境中是否存在安全运行状态和危险状态之间可被感觉到的差异。如果危险没有带来可被感知的差异，则会使人直接面临该危险。在生产实际中，危险即使存在，也并不一定直接显现出来。这一问题给我们的启示就是，要让不明显的危险状态充分显示出来，这往往要通过一定的技术手段和方法来实现。

第二个问题：感觉到了这警告吗？这个问题有两个方面的含义：一是人的感觉能力如何，如果人的感觉能力差，或者注意力在别处，那么即使有足够明显的警告信号，也可能未被察觉；二是环境对警告信号的“干扰”如何，如果干扰严重，则可能妨碍人对危险信息的察觉和接收。根据这个问题得到的启示是：感觉能力存在个体差异，提高感觉能力要依靠经验和训练，同时训练也可以提高操作者抗干扰的能力；在干扰严重的场合，要采用能避开干扰的警告方式（如在噪声大的场所使用光信号或与噪声频率差别较大的声信号）或加大警告信号的强度。

第三个问题：认识到了这警告吗？这个问题问的是操作者在感觉到警告之后，是否理解了警告所包含的意义，即操作者能否将警告信息与自己头脑中已有的知识进行对比，从而识别出危险的存在。

第四个问题：知道如何避免危险吗？这个问题问的是操作者是否具备避免危险的行为响应的知识和技能。为了使这种知识和技能变得完善和系统化，从而更有利于采取正确的行动，操作者应该接受相应的训练。

第五个问题：决定要采取行动吗？表面上看，这个问题无疑而问，既然有危险，当然要采取行动。但在实际情况下，人们的行动是受各种动机中的主导动机驱使的，采取行动回避风险的避险动机往往与趋利动机（如省时、省力、多挣钱、享乐等）交织在一起。当趋利动机成为主导动机时，尽管认识到危险的存在，并且也知道如何避免危险，但操作者仍然会心存侥幸而不采取避险行动。

最后一个问题：能够避免危险吗？这个问题问的是操作者在作出采取行动的决定后，是否能迅速、敏捷、正确地作出行动上的反应。

上述六个问题中，前两个问题都是与人对信息的感觉有关的，第三至五个问题是与人的认识有关的，最后一个问题是与人的行为响应有关的。这六个问题涵盖了人的信息处理全过程，并且反映了在此过程中有很多因发生失误进而导致事故的机会。

瑟利事故模型适用于描述危险局面出现得较慢，如不及时改进则有可能发生事故的情况。同时，它对于描述发展迅速的事故，也有一定的参考价值。

（三）劳伦斯事故模型

劳伦斯在威格里斯沃思和瑟利等人的人失误模型的基础上，通过对南非金矿中发生的事故的研究，于1974年提出了针对金矿企业以人失误为主因的事故模型（如图3－7所示），该模型对一般的矿山企业和其他企业中比较复杂的事故情况也普遍适用。

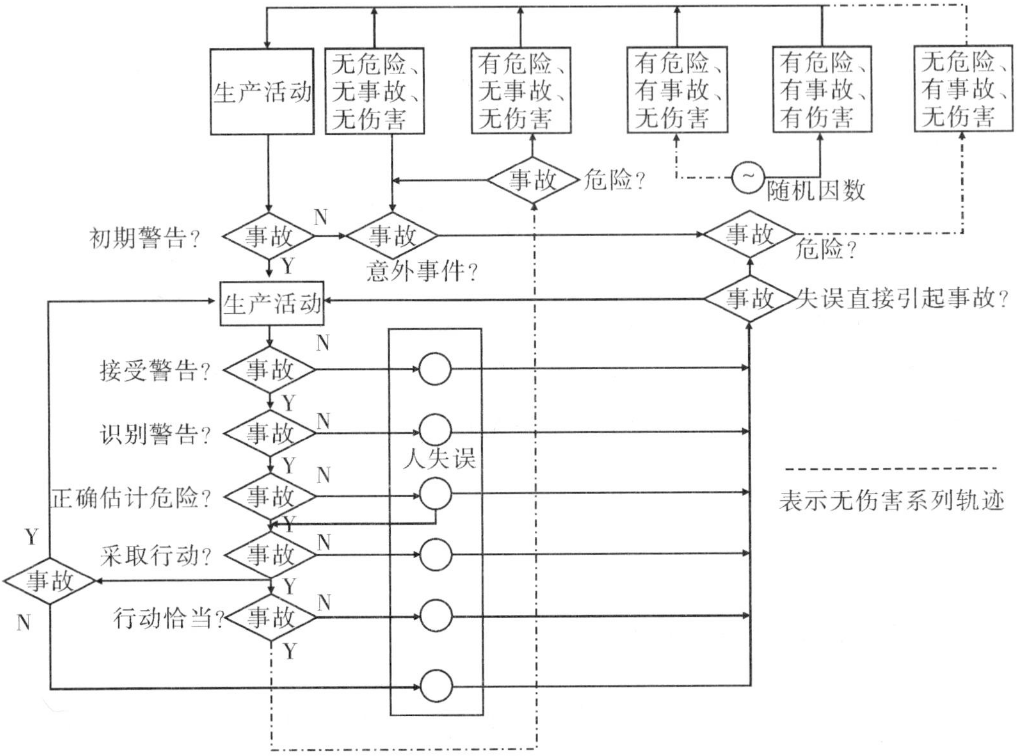

图 3－7　劳伦斯事故模型

在生产过程中，当危险出现时，往往会产生某种形式的信息，向人们发出警告，如突然出现或不断扩大的裂缝、异常的声响、刺激性的烟气等，这种警告信息叫做初期警告。初期警告还包括各种安全监测设施发出的报警信号。如果没有初期警告就发生了事故，则往往是由于缺乏有效的监测手段，或者是由于管理人员事先没有提醒人们存在着危险因素，行为人在不知道危险存在的情况下发生的事故，属于管理失误造成的。

在发出了初期警告的情况下，行为人在接受、识别警告，或对警告作出反应等方面的失误都可能导致事故。

当行为人发生对危险估计不足的失误时，如果他采取了相应的行动，则仍然有可能避免事故；反之，如果他麻痹大意，既对危险估计不足，又不采取行动，则会导致事故的发生。这里的行为人如果是管理人员或指挥人员，则低估危险的后果将更加严重。

矿山生产作业往往是多人作业，连续作业。行为人在接受了初期警告、识别了警告并正确地估计了危险性之后，除了自己采取恰当的行动避免伤害事故外，还应该向其他人员发出警告，提醒他们采取防止事故的措施。这种警告叫做二次警告。其他人接到二次警告后，也应该按照正确的方法对警告加以响应。

劳伦斯模型适用于类似矿山生产的多人作业生产方式。在这种生产方式下，危险主要来自于自然环境，而人的控制能力相对有限，在许多情况下，人们唯一的对策是迅速撤离危险区域。因此，为了避免发生伤害事故，人们必须及时发现、正确评估危险，并采取恰当的行动。

五、动态变化理论

世界是在不断运动、变化着的，工业生产过程也处在不断变化之中。针对客观世界的变化，我们的安全工作也要随之改进。如果管理者不能或没有及时地适应变化，则将发生管理失误；操作者不能或没有及时地适应变化，则将发生操作失误。外界条件的变化也会引起机械、设备等的故障，进而导致事故的发生。

（一）扰动理论

本尼尔认为，事故过程包含着一组相继发生的事件。这里的

“事件”是指生产活动中某种发生了的事情，如一次瞬间或重大的情况变化，一次已经被避免的或导致另一事件发生的偶然事件等。因此，可以将生产活动看做是一个自觉或不自觉地指向某种预期的或意外的结果的事件链，它包含生产系统元素间的相互作用和变化着的外界的影响。由事件链组成的正常生产活动，是在一种自动调节的动态平衡中进行的，在事件的稳定运行中向预期的结果发展。

事件的发生必然是由某人或某物引起的，如果把引起事件的人或物称为“行为者”，而其动作或运动称为“行为”，则可以用“行为者”及其“行为”来描述一个事件。在生产活动中，如果行为者的行为得当，则可以维持事件过程稳定地进行；否则，可能中断生产，甚至造成伤害事故。

生产系统的外界影响是经常变化的，可能偏离正常的或预期的情况。这里称外界影响的变化为“扰动”（Perturbation），扰动将作用于行为者，产生扰动的事件称为起源事件。

当行为者能够适应不超过其承受能力的扰动时，生产活动可以维持动态平衡而不发生事故。如果其中的一个行为者不能适应这种扰动，则自动平衡过程被破坏，并开始一个新的事件过程，即事故过程。该事件过程可能使某一行为者承受不了过量的能量而发生伤害或损害，这些伤害或损害事件可能依次引起其他变化或能量释放，作用于下一个行为者并使其承受过量的能量，发生连续的伤害或损害。当然，如果行为者能够承受冲击而不发生伤害或损害，则事件过程将继续进行。

综上所述，可以将事故看作由事件链中的扰动开始，以伤害或损害为结束的过程。这种事故理论也叫做“P 理论”。图 3－8

为这种理论的示意图。

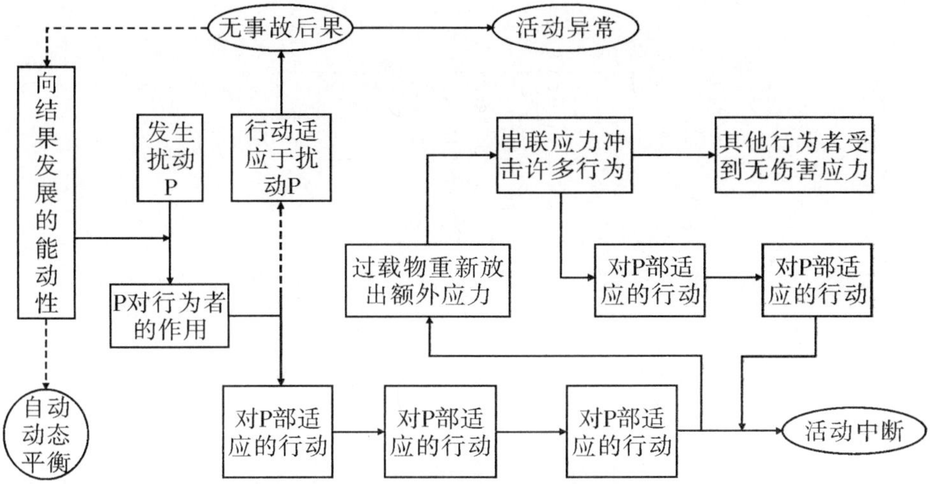

图 3 – 8　扰动理论示意图

（一）变化—失误理论

约翰逊认为，事故是由意外的能量释放引起的，这种能量释放的发生是由于管理者或操作者没有适应生产过程中物的或人的因素的变化，产生了计划错误或人为失误，从而导致不安全行为或不安全状态，破坏了对能量的屏蔽或控制，即发生了事故，由事故造成生产过程中人员伤亡或财产损失。图 3 – 9 为约翰逊的变化—失误理论示意图。

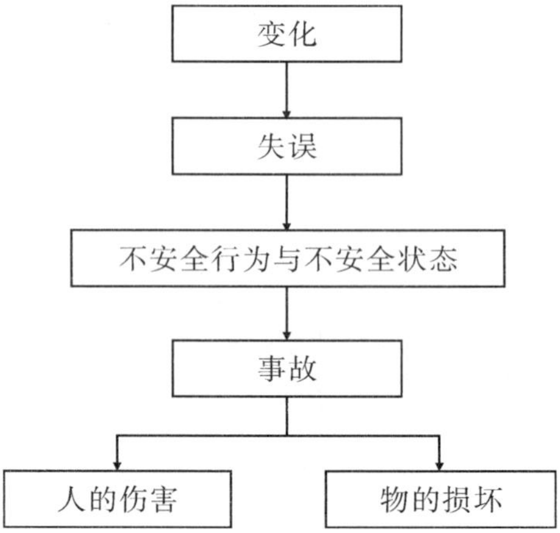

图3－9　变化—失误理论示意图

按照变化的观点来看，变化可引起人失误和物的故障，因此变化被看作一种潜在的事故致因，应该被尽早地发现并采取相应的措施。作为安全管理人员，应该对下述的一些变化给予足够的重视：

1. 企业外部社会环境的变化

企业外部社会环境，特别是国家政治或经济方针、政策的变化，对企业的经营理念、管理体制及员工心理等有较大影响，必然也会对安全管理造成影响。例如，从对新中国成立以后全国工业伤害事故发生状况的分析可以发现，在“大跃进”和“文化大革命”两次大的社会变化时期，企业内部秩序被打乱，伤害事故均大幅度上升。

2. 企业内部的宏观变化和微观变化

宏观变化是指企业总体上的变化，如领导人的变更，经营目标的调整，职工大范围的调整、录用，生产计划的较大改变等。微观变化是指一些具体事物的改变，如供应商的变化，机器设备的工艺调整、维护等。

3. 计划内与计划外的变化

对于有计划进行的变化，应事先进行安全分析并采取安全措施；对于计划外的变化，一要及时发现变化，二要根据发现的变化采取正确的措施。

4. 实际的变化和潜在的变化

通过检查和观测可以发现实际存在着的变化，潜在的变化却不易发现，往往需要靠经验和分析研究才能发现。

5. 时间的变化

随着时间的流逝，人员对危险的戒备会逐渐松弛，设备、装置性能会逐渐劣化，这些变化与其他方面的变化相互作用，引起新的变化。

6. 技术上的变化

采用新工艺、新技术或开始新工程、新项目时发生的变化，人们由于不熟悉而易发生失误。

7. 人员的变化

这里主要指员工心理、生理上的变化。人的变化往往不易掌握，因素也较复杂，需要认真观察和分析。

8. 劳动组织的变化

当劳动组织发生变化时，可能引起组织过程的混乱，如项目交接不好，造成工作不衔接或配合不良，进而导致操作失误和不安全行为的发生。

9. 操作规程的变化

新规程替换旧规程以后，往往需要一个逐渐适应和习惯的过程。

需要指出的是，在管理实践中，变化是不可避免的，也并不一定都是有害的，关键在于管理是否能够适应客观情况的变化。要及时发现和预测变化，并采取恰当的对策，做到顺应有利的变化，克服不利的变化。

约翰逊认为，事故的发生一般是多重原因造成的，包含着一系列的变化—失误连锁。从管理层次上看，有企业领导的失误、计划人员的失误、监督者的失误及操作者的失误等。该连锁模型如图 3－10 所示。

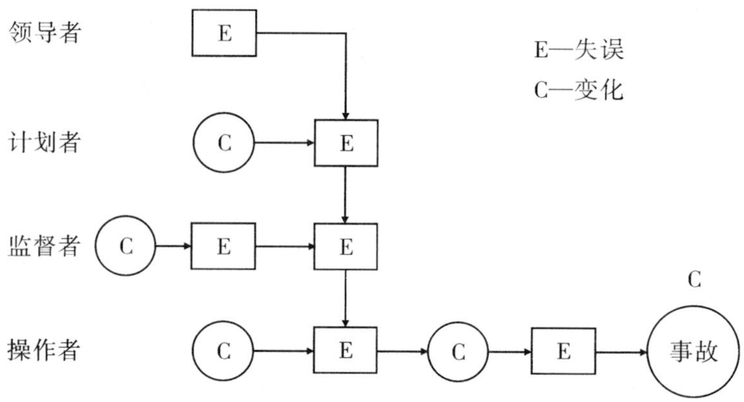

图 3－10　变化—失误连锁模型

六、轨迹交叉理论

轨迹交叉理论的基本观点是：伤害事故是许多相互联系的事件顺序发展的结果。这些事件概括起来不外乎人和物（包括环境）两大发展系列。当人的不安全行为和物的不安全状态在各自发展过程（轨迹）中，在一定时间、空间发生了接触（交叉），能量转移到人体时，伤害事故就会发生。而人的不安全行为和物的不安全状态之所以产生和发展，又是受多种因素作用的结果。

图 3－11 为轨迹交叉理论示意图。在图 3－11 中，起因物与致害物可能是不同的物体，也可能是同一个物体；同样，肇事者和受害者可能是不同的人，也可能是同一个人。

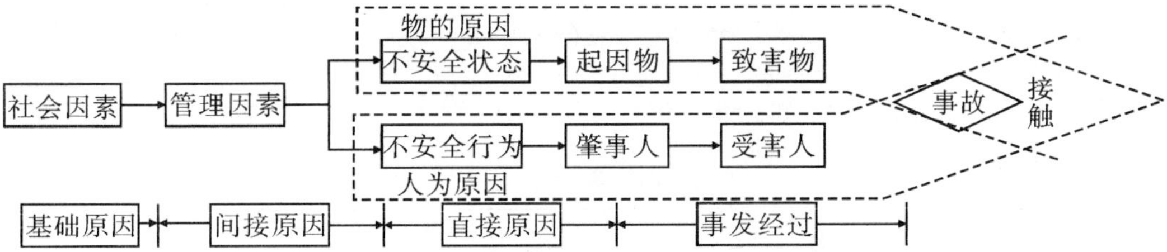

图 3－11 轨迹交叉理论示意图

轨迹交叉理论反映了绝大多数事故的情况。在实际生产过程中，只有少量的事故是仅仅由人的不安全行为或物的不安全状态引起的，绝大多数的事故是与二者同时相关的。例如，日本劳动省通过对 50 万起工伤事故的调查发现，只有约 4% 的事故与人的不安全行为无关，只有约 9% 的事故与物的不安全状态无关。

在人和物两大系列的运动中，二者往往是相互关联，互为因果，相互转化的。有时人的不安全行为促进了物的不安全状态的发展，或导致新的不安全状态的出现，而物的不安全状态可以诱发人的不安全行为。因此，事故的发生可能并不是如图 3－11 所示的那样——简单地按照人、物两条轨迹独立地运行，而是呈现出较为复杂的因果关系。

人的不安全行为和物的不安全状态是造成事故的表面的直接原因，如果对它们进行更进一步的考虑，则可以挖掘出二者背后深层次的原因。这些深层次原因的示例可见表3－5。

表3－5　事故发生的原因

基础原因（社会原因）	间接原因（管理缺陷）	直接原因
遗传、经济、文化、教育培训、民族习惯、社会历史、法律	生理和心理状态、知识技能情况、工作态度、规章制度、人际关系、领导水平	人的不安全行为
设计、制造缺陷、标准缺乏	维护保养不当、保管不良、故障、使用错误	物的不安全状态

轨迹交叉理论作为一种事故致因理论，强调人的因素和物的因素在事故致因中占有同样重要的地位。按照该理论，可以通过避免人与物两种因素运动轨迹交叉来预防事故的发生。同时，该理论对于调查事故发生的原因也是一种较好的工具。

七、事故遭遇倾向理论

第二次世界大战后，人们认为大多数工业事故是由事故频发倾向者引起的这一观念是错误的，有些人较另一些人容易发生事故是因为他们从事的作业有较高的危险性。因此，不能把事故的责任简单地归结为工人的不注意，应该强调机械的、物质的危险性质在事故致因中的重要地位。于是，出现了事故遭遇倾向理论(Accident Liability)。事故遭遇倾向是指某些人员在某些生产作业条件下容易发生事故的倾向。

许多研究结果表明，前后不同时期内事故发生次数的相关系数与作业条件有关。例如，罗奇（Roche）发现，工厂规模不同，生产作业条件也不同，大工厂的场合相关系数大约在0.6左右，小工厂则或高或低，这表现出劳动条件的影响。高勃（P. W. Gobb）考察了6年和12年间两个时期内事故频发倾向稳定性，结果发现：前后两段时间事故发生次数的相关系数与职业有关，变化在 -0.08 ~0.72 之间。当从事规则的、重复性作业时，事故频发倾向较为明显。

明兹（A. Mintz）和布卢姆（M. L. B）建议用事故遭遇倾向取代事故频发倾向的概念，认为事故的发生不仅与个人因素有关，而且与生产条件有关。根据这一见解，克尔（W. A. Kerr）调查了53个电子工厂中40项个人因素及生产作业条件因素与事故发生频率和伤害严重程度之间的关系，发现影响事故发生频度的主要因素有搬运距离短、噪声严重、临时工多、工人自觉性差等；与事故后果严重程度有关的主要因素是工人的“男子汉”作风，其次是缺乏自觉性、缺乏指导、老年职工多、不连续出勤等，这些证明事故发生与生产作业条件有密切关系。

事故遭遇倾向理论主要论点为：

（1）当每个人发生事故的概率相等且概率极小时，一定时期内发生事故次数服从泊松分布。

根据泊松分布，大部分工人不发生事故，少数工人只发生一次，只有极少数工人发生两次以上事故。大量的事故统计资料是服从泊松分布的。例如，莫尔（D. L. Morh）等研究了海上石油钻井工人连续两年时间内的伤害事故情况，得到了受伤次数多的工人数没有超出泊松分布范围的结论。

（2）许多人发生事故是由他们行为的某种瞬间特征引起的。

许多研究结果表明，某一段时间里发生事故次数多的人，在以后的时间里发生事故的次数往往不多，这些人并非永远是事故频发倾向者。通过数十年的实验及临床研究，很难找出事故频发者的稳定的个人特征。

（3）企业事故发生率并不随着事故发生次数多的工人的调离而降低。

根据事故频发倾向理论，防止事故的重要措施是人员选择。但是许多研究表明，把事故发生次数多的工人调离后，企业的事故发生率并没有降低。例如，韦勒（Waller）对司机的调查，伯纳基（Berncki）对铁路调车员的调查，都证实调离或解雇发生事故多的工人，并没有减少伤亡事故发生率。

对于我国的广大安全专业人员来说，事故频发倾向的概念可能十分陌生。然而，企业职工队伍中存在少数容易发生事故的人这一现象并不罕见。例如，某钢铁公司把容易出事故的人称作“危险人物”，把这些“危险人物”调离原工作岗位后，企业的伤亡事故明显减少；某运输公司把出事故多的司机定为“危险人物”，规定这些司机不能担负长途运输任务，也取得了较好的预防事故效果。

一些研究表明，事故的发生与工人的年龄有关。青年人和老年人相对较容易发生事故。此外，与工人的工作经验、熟练程度有关。米勒等人的研究表明，对于一些危险性高的职业，工人需要一个适应期，在此期间，新工人容易发生事故。大内田对东京出租汽车司机的年平均事故数进行了统计，发现平均事故数与参加工作后的一年内的事故数无关，而与进入公司后工作时间长短有关。司机们在刚参加工作的前 3 个月里事故数相当于每年 5 次，之后的 3 年里事故数迅速减少，在第 5 年里则稳定在每年 1 次左右。这符合经过练习而减少失误的规律，表明熟练可以大大减少事故。

其实，工业生产中的许多操作对操作者的素质都有一定的要求，或者说，人员有一定的职业适合性。当人员的素质不符合生产操作要求时，人在生产操作中就会发生失误或不安全行为，从而导致事故发生。危险性较高的、重要的操作，要求人员的素质较高。例如，在特种作业的场合，操作者要经过专门的培训、严格的考核，获得特种作业资格后才能从事。因此，尽管事故频发倾向论把工业事故的原因归因于少数事故频发倾向者的观点是错误的，然而从职业适合性的角度来看，关于事故频发倾向的认识也有一定的价值。

自格林伍德的研究起，迄今已有无数的研究者对事故频发倾向理论的科学性问题进行了专门的研究探讨，关于事故频发倾向者存在与否的问题一直存有争议。有学者认为事故遭遇倾向是事故频发倾向理论的修正，而事故频发倾向者并不存在。本书认为，不能片面地评价事故频发倾向论和海因里希因果连锁论（侧重于人的不安全行为）以及事故遭遇倾向论（侧重于物的不安全状态），它们是从不同的侧面来认识事故所得出的不同结论，它们都具有一定的片面性：事故频发倾向论主要从人的不安全行为角度来认识事故而把事故归因于人；海因里希因果连锁论主要从变化发展的观点来认识事故演化的过程，并用以分析事故的原因；事故遭遇倾向论主要从物的不安全状态角度来认识事故而把事故的发生归因于物。但三种理论都从不同侧面反映了事故发生发展的不同本质特征，应当同时综合三种理论来全面地看待事故。

八、危险源系统理论

随着科学技术的不断进步，设备、工艺及产品越来越复杂，各种大规模的复杂系统相继问世。这些复杂的系统往往由非常复杂的关系相连接，人们在研制、开发、使用及维护这些大规模复杂系统的过程中，逐渐萌发了系统安全的基本思想。在系统安全研究中，认为危险源的存在是事故发生的根本原因，防止事故就是消除、控制系统中的危险源。

（一）危险源的分类、危险源与事故、危险源与事故隐患

危险源一词译自英文单词的“Hazard”，按英文词典的解释，“Hazard—a source of danger”，即危险的根源的意思。哈默（Willie Hammer）将危险源定义为可能导致人员伤害或财物损失事故的、潜在的不安全因素。按此定义，生产、生活中的许多不安全因素都是危险源。

1. 两类危险源

实际上，事故因素——不安全因素种类繁多，非常复杂，它们在导致事故发生、造成人员伤害和财物损失方面所起的作用很不一样，它们的识别、控制方法也不同。根据危险源在事故发生、发展中的作用，把危险源划分为两大类，即第一类危险源和第二类危险源。

（1）第一类危险源。

根据能量意外释放理论，事故是能量或危险物质的意外释放，作用于人体的过量的能量或干扰人体与外界能量交换的危险物质是造成人员伤害的直接原因。于是，把系统中存在的、可能发生意外释放的能量或危险物质称作第一类危险源。

一般来说，能量被解释为物体做功的本领。做功的本领是无形的，只有在做功时才显现出来。因此，实际工作中往往把产生能量的能量源或拥有能量的能量载体作为第一类危险源来处理。例如，带电的导体、奔驰的车辆等。

列举常见的第一类危险源如下：

①产生、供给能量的装置、设备；

②使人体或物体具有较高势能的装置、设备、场所；

③能量载体；

④一旦失控可能产生巨大能量的装置、设备、场所，如强烈放热反应的化工装置等；

⑤一旦失控可能发生能量蓄积或突然释放的装置、设备、场所，如各种压力容器等；

⑥危险物质，如各种有毒、有害、可燃烧爆炸的物质等；

⑦生产、加工、储存危险物质的装置、设备、场所；

⑧人体一旦与之接触将导致人体能量意外释放的物体。

第一类危险源具有的能量越多，一旦发生事故，其后果就越严重。相反，第一类危险源处于低能量状态时比较安全。同样，第一类危险源包含的危险物质的量越大，干扰人的新陈代谢越严重，其危险性越大。

（2）第二类危险源。

在生产、生活中，为了利用能量，让能量按照人们的意图在系统中流动、转换和做功，必须采取措施约束、限制能量，即必须控制危险源。用来约束、限制能量的屏蔽应该能可靠地控制能量，防止能量意外释放。而实际上，绝对可靠的控制措施并不存在，在许多因素的复杂作用下，约束、限制能量的控制措施可能失效，能量屏蔽可能被破坏而发生事故。导致约束、限制能量措施失效或破坏的各种不安全因素称作第二类危险源。

如前所述，札别塔基斯认为人的不安全行为和物的不安全状态是造成能量或危险物质意外释放的直接原因。从系统安全的观点来考察，使能量或危险物质的约束、限制措施失效、破坏的原因因素，即第二类危险源，包括人、物、环境三个方面。

在系统安全中涉及人的因素问题时，通常采用术语“人失误”。人失误是指人的行为的结果偏离了预定的标准，人的不安全行为可被看作是人失误的特例。人失误可能直接破坏对第一类危险源的控制，造成能量或危险物质的意外释放。例如，合错了开关使检修中的线路带电，误开阀门使有害气体泄漏等。人失误也可能造成物的故障，物的故障进而导致事故。例如，超载起吊重物造成钢丝绳断裂，发生重物坠落事故。

物的因素问题可以概括为物的故障。故障是指由于性能低下而不能实现预定功能的现象，物的不安全状态也可以看作一种故障状态。物的故障可能直接使约束、限制能量或危险物质的措施失效而发生事故。例如，电线绝缘损坏发生漏电，管道破裂使其中的有毒、有害介质泄漏等。有时一种物的故障可能导致另一种物的故障，最终造成能量或危险物质的意外释放。例如，压力容器的泄压装置故障，使容器内部介质压力上升，最终导致容器破裂。物的故障有时会诱发人失误，人失误会造成物的故障，实际情况往往比较复杂。

环境因素主要指系统运行的环境，包括温度、湿度、照明、粉尘、通风换气、噪声和振动等物理环境，以及企业和社会的软环境。不良的物理环境会引起物的故障或人失误。例如，潮湿的环境会加速金属腐蚀而降低结构或容器的强度；工作场所强烈的噪声影响人的情绪，分散人的注意力而发生人失误。企业的管理制度、人际关系或社会环境影响人的心理，可能引起人失误。

第二类危险源往往是一些围绕第一类危险源随机发生的现象，它们出现的情况决定事故发生的可能性。第二类危险源出现得越频繁，发生事故的可能性越大。

2. 危险源与事故

一起事故的发生是两类危险源共同作用的结果。一方面，第一类危险源的存在是事故发生的前提，没有第一类危险源就谈不上能量或危险物质的意外释放，也就无所谓事故。另一方面，如果没有第二类危险源破坏对第一类危险源的控制，也不会发生能量或危险物质的意外释放，因此第二类危险源的出现是第一类危险源导致事故的必要条件。

在事故的发生、发展过程中，两类危险源相互依存、相辅相成。第一类危险源在事故发生时释放出的能量是导致人员伤害或财物损坏的能量主体，决定事故后果的严重程度；第二类危险源出现的难易决定事故发生的可能性的大小。两类危险源共同决定危险源的危险性，如图 3－12 所示。

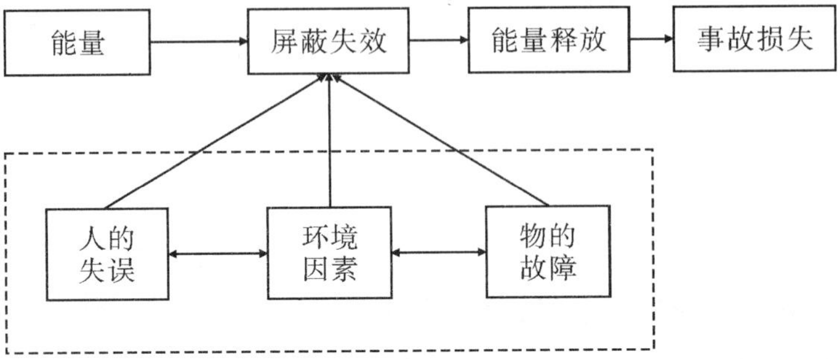

图 3－12　两类危险源对事故的影响及相互关系

在企业的实际事故预防工作中，第一类危险源客观上已经存在，并且在设计、建造时已经采取了必要的控制措施，因此事故预防工作的重点乃是第二类危险源的控制问题。

3. 危险源与事故隐患

在我国长期的事故预防工作中经常使用事故隐患一词。所谓隐患（Hidden Peril）是指隐藏的祸患，事故隐患即隐藏的、可能导致事故的祸患，这是一个在长期工作实践中大家形成的共识用语，一般是指那些有明显缺陷或有问题的事物，相当于人的不安全行为、物的不安全状态。

事故隐患包含在危险源的范畴之中，主要是指那些在控制方面存在明显缺陷（不安全状态）的第一类危险源。应该注意，如果在控制方面没有明显的缺陷，则危险源往往不被当作隐患处理，在事故预防工作中可能被忽略，这对危险源控制是非常不利的。从事故预防的角度来看，查找、治理事故隐患是非常必要的。但是，从危险源控制的角度来看，这仅仅控制了全部危险源中有明显问题的一部分，而其余部分更隐蔽，且可能更危险。

（二）危险源辨识、评价与控制

系统安全工程运用科学和技术手段辨识、控制或消除危险源，它的基本内容包括危险源辨识、危险性评价和危险源控制三方面的工作。

1. 危险源辨识

危险源辨识（Hazard Identification）是发现、识别系统中危险源的工作。以前，人们主要根据以往的事故经验进行危险源辨识。例如，海因里希建议通过与操作人员交谈或到现场安全检查、查阅以往的事故记录等方式发现危险源，日本中央劳动灾害防止协会推广危险预知活动进行危险源辨识。

20 世纪 60 年代以后，国外开始根据法规、标准和安全检查表进行危险源辨识。例如，美国职业安全卫生局（OSHA）等安全机构制定并发行了各种安全检查表。安全检查表是集合以往的事故分析和被找出的问题形成的，其优点是简单易行，其缺点是重点不突出，又难免挂一漏万，特别是过去没有经验的问题无法列入其中。

随着系统安全工程的兴起，系统安全分析方法逐渐成为危险源辨识的主要方法。系统安全分析是从安全的角度进行的系统分析，它通过揭示系统中可能导致系统故障或事故的各种因素及其相互关系来辨识系统中的危险源。它既可以用来辨识可能带来严重后果的危险源，也可以用来辨识没有事故先例的系统的危险源。系统越复杂，就越需要利用系统安全分析方法来辨识危险源。目前常用的系统安全分析方法有：预先危害分析（PHA）、事故后果分析、故障类型和影响分析（FMEA）、危险性和可操作性研究（HAZOP）、事件树分析（ETA）、故障树分析（FTA）、管理疏忽和危险树（MORT）。

2. 危险性评价

危险性评价（Risk Assessment）是评价危险源导致事故、造成人员伤亡或财产损失的危险程度的工作。一般来说，危险性涉及危险源导致事故的可能性和一旦发生事故造成人员伤亡、财产损失的严重程度两方面的问题。

系统中危险源的存在是绝对的，任何工业生产系统中都存在许多危险源。受实际人力、物力等方面因素的限制，不可能彻底消除或完全控制危险源，只能集中有限的人力、物力消除或控制危险性较大的危险源。当危险源的危险性很小，甚至可以被忽略时，则不必采取控制措施。在危险性评价的基础上，按其危险性的大小给危险源排序，为确定采取控制措施的优先次序提供依据。

危险源的危险性评价包括对第一类危险源的危险性评价和对第二类危险源（即第一类危险源的控制措施）的危险性评价两方面。

评价第一类危险源的危险性时，主要考察以下几方面情况：

（1）能量或危险物质的量。

第一类危险源具有的能量越高，一旦发生事故，其后果越严重；反之，拥有的能量越低，发生事故时对人或物的危害越小。第一类危险源处于低能量状态时比较安全。同样，第一类危险源具有的危险物质的量越大，干扰人的新陈代谢功能的程度就越严重，其危险性也越大。

第一类危险源导致事故后果的严重程度，主要取决于事故时意外释放的能量或危险物质的多少。一般来说，第一类危险源拥有的能量或危险物质越多，则发生事故时可能意外释放的量也多。因此第一类危险源拥有的能量或危险物质的量是危险性评价中的最主要指标。当然，有时也会有例外的情况，有些第一类危险源拥有的能量或危险物质只能意外释放其中的一部分。

（2）能量或危险物质意外释放的强度。

能量或危险物质意外释放的强度是指事故发生时单位时间内释放的能量。在意外释放的能量或危险物质的总量相同的情况下，释放强度越大，能量或危险物质对人员或物体的作用越强烈，造成的后果越严重。

（3）能量的种类和危险物质的危险性质。

不同种类的能量造成人员伤害、财物破坏的机理不同，其后果也不同。

危险物质的危险性主要取决于自身的物理、化学性质。燃烧爆炸性物质的物理、化学性质决定其导致火灾、爆炸事故的难易程度及事故后果的严重程度。工业毒物的危险性主要取决于其自身的毒性大小，在引起急性中毒的场合，常用半数致死剂量评价其毒性。

（4）意外释放的能量或危险物质的影响范围。

事故发生时意外释放的能量或危险物质的影响范围越大，可能遭受其作用的人或物越多，事故造成的损失越大。例如，有毒有害气体泄漏时可能影响到下风侧的很大范围。

评价第一类危险源的危险性的主要方法有后果分析和划分危险等级两种方法。后果分析通过详细的分析，计算意外释放的能量、危险物质造成的人员伤害和财物损失，定量地评价危险源的危险性。后果分析所需要的数学模型准确度较高，需要的数据较多，计算复杂，一般仅用于危险性特别大的重大危险源的危险性评价。划分危险等级的方法是一种简单易行且得到广泛应用的方法。划分危险等级是一种相对的评价方法，它通过比较危险源的危险性，人为地划分出一些危险等级，从而区分不同危险源的危险性，为采取危险源控制措施或进行更详细的危险性评价提供依据。一般来说，危险等级越高，该危险源的危险性越高。

3. 危险源控制

采取了危险源控制措施后的危险性评价，可以查明危险源控制措施的效果是否达到了预定的要求。如果采取了控制措施后危险性仍然很高，则需要进一步研究对策，采取更有效的措施降低危险性。

评价危险源控制情况，可以从以下几个方面来考虑：

（1）防止人失误的能力。

必须能够防止在装配、安装、检修或操作过程中发生可能导致严重后果的人失误，如单向阀门应不易安反，三线电源插头不能插错等。

（2）对失误后果的控制能力。

一旦人失误可能引起事故时，应能控制或限制对象部件或元件的运行，以及避免与其他部件或元件的相互作用。例如，若按A钮启动之前按B钮可能引起事故，则应实行联锁，使之即使先按B钮也没有危险。

（3）防止故障传递能力。

应能防止一个部件或元件的故障引起其他部件或元件的故障，从而避免事故。例如，电动机电路短路时保险丝熔断，防止烧毁电动机。

（4）失误或故障导致事故的难易。

发生一次失误或故障则直接导致事故的设计、设备或工艺过程是不安全的。应保证至少有两次相互独立的失误（或故障，或一次失误与一次故障）同时发生才能引起事故。对于那些一旦发生事故将带来严重后果的设备、工艺，必须保证同时发生两次以上的失误或故障才能引起事故。

（5）承受能量释放的能力。

运行过程中偶尔可能产生高于正常水平的能量释放，设备应能承受这种高能量释放。通常压力罐上会装有减压阀，从而把罐内压力降低到安全压力范围内，如果减压阀发生故障，则超过正常值的压力将强加于管道。因此为使管道能承受高压，必须增加管道的强度或在管道上增设减压阀。

（6）防止能量蓄积的能力。

能量若不断地蓄积将导致意外的能量释放，因此，应有防止能量蓄积的措施，如安全阀、破裂膜、可熔（断、滑动）连接等。

第四章　事故分析常用方法

一、事故树分析方法

故障树分析方法（Fault Tree Analysis，FTA），是对既定的生产系统或作业活动中可能出现的事故条件及可能导致的灾害后果，按工艺流程、先后次序和因果关系绘制程序方框图，表示导致灾害、伤害事故的各种因素之间的逻辑关系。它由输入符号或关系符号组成，用以分析系统的安全问题或系统的运行功能问题，为判明灾害、伤害的途径及事故因素之间的关系，同时也为事故分析提供了一种最形象、最简洁的表达形式。

事故树分析法也是在事故调查过程中常用的方法。通过事故树分析方法来达到以下目的：识别导致事故的基本事件（基本的设备故障）与人为失误的组合，设法找到避免或减少导致事故基本原因的线索，从而降低事故发生的可能性；对导致灾害事故的各种因素及逻辑关系能够作出全面、简洁和形象的描述；便于查明系统内固有的或潜在的各种危险因素，为设计、施工和管理提供科学的依据；使有关人员、作业人员全面了解和掌握防范灾害的各项要点。

下一章，我们将对事故树分析法进行详细的学习。

二、故障类型和影响分析方法

故障类型及影响分析（Failure Modes & Effects Analysis，FMEA）是对系统的各组成部分和各类元素进行的分析。系统的组成部分或元素在运行过程中往往可能发生不同类型的故障，对系统产生不同的影响。这种分析方法首先找出系统中各组成部分及元素可能发生的故障及其类型，查明各种类型故障对邻近部分或元素的影响以及最终对系统的影响，然后提出避免或减少这些影响的措施。

最初的故障类型和影响分析（FMEA）只能做定性分析，后来在分析中加入了故障发生难易程度的评价或发生的概率，并更进一步地把它与危险度分析（Critical Analysis）结合起来，构成故障类型和影响、危险度分析（Failure Modes，Effects and Criticality Analysis，FMECA）。这样，如果确定了每个元素的故障发生概率，就可以确定设备、系统或装置的故障发生概率，从而定量地描述故障的影响。

（一）概述

1. 故障

故障一般是指元件、子系统、系统在规定的运行时间、条件内，达不到设计规定的功能的一种状态。

系统或产品发生故障有多方面原因，以机电产品为例，从其制造、产出到发挥作用，一般都要经历规划、设计、选材、加工制造、装配、检验、包装、贮存、运输、安装、调试、使用、维修等多个环节，每一个环节都有可能出现缺陷、失误、偏差与损伤，这就可能使产品存在隐患，即处于一种可能发生故障的状态，特别是在动态负载、高速、高温、高压、低温、摩擦和辐射等苛刻条件下使用，发生故障的可能性更大。

一般机电产品、设备常见故障类型见表4－1。

表4－1　一般机电产品、设备常见故障类型

结构破坏 机械性卡住 振动 不能保持在指定位置上 不能开启 不能关闭 误开 误关 内漏	外漏 超出允许上限 超出允许下限 间断运行 运行不稳定 意外运行 错误指示 流动不畅 假运行	不能开机 不能关机 不能切换 提前运行 滞后运行 输入量过大 输入量过小 输出量过大 输出量过小	无输入 无输出 电短路 电开路 漏电 其他

对产品、设备、元件的故障类型、产生原因及其影响应及时了解和掌握，这样才能正确地采取相应措施。若忽略了某些故障类型，这些类型故障就可能因为没有采取防止措施而发生事故。例如，美国在研制NASA卫星系统时，仅考虑了旋转天线汇流环开路故障而忽略了短路故障，结果由于天线汇流环短路故障使发射失败，造成了1亿多美元的损失。

掌握产品、设备、元件的故障类型需要积累大量的实际工作经验，特别是通过故障类型和影响分析来积累经验。

2. 故障的影响

从安全角度来说，事故、灾害是指由故障引起的人身伤亡和物质财产的损失，也就是说，故障是事故、灾害的原因。一个系统或产品从正常发展成事故有一个过程：

正常→异常→征兆状态→故障→事故。

征兆状态是指，即使判断为异常，但还未达到故障以至发生事故与灾害的状态。通过观测、检测、监视这种征兆状态可收集到征兆信息。利用征兆信息，可以诊断、预测故障与事故的发展动态。

讨论故障时不能离开功能、条件、时间和概率这四个因素。

（1）功能。

系统或产品发生故障，可能部分或全部丧失功能，其原因就是下级发生故障或不正常（其症状或现象称为故障模式）。上级和下级的层次概念，除了考虑原对象的物理意义、空间关系外，还应注意考虑功能联系及其重要性方面的问题。

故障模式若从可靠性定义来说，一般可从五个方面来考虑：运行过程中的故障、提前动作、在规定的时间不动作、在规定的时间不停止、运行能力降低与超量或受阻。

（2）条件。

在研究系统或产品的故障时，首先应了解其具有的功能及内部状态如何，是否有内部缺陷和劣化的因素，是否由于环境条件或所受应力的作用而正在劣化或损伤扩展。故障原因分为：

①诱发故障的内因——内部原因、缺陷等。

②直接造成故障的外因——外部应力、人员差错、环境条件、使用条件变化等。

（3）时间。

考虑到故障对功能的影响时，必然要提出系统或产品的保证期是多长，故障大概在什么时间发生等问题。在时间为零时，功能当然正常，但在某个时间以后就可能出现问题，而且故障发生的难易程度也是随时间变化的。故障模式及影响分析不是按时间序列进行分析的，这是它的不足之处。

（4）概率。

在故障模式及影响分析中，一般要评定相对发生频率等级。如果有过去的各种数据，就可以在故障模式、影响及致命度分析中利用故障率数据，对故障后果作出客观的评价。

3. 故障模式、原因、机理及效应

（1）故障模式。

故障模式是从不同表现形态来描述故障的，是故障现象的一种表征，即由故障机理发生的结果——故障状态。表 4－1 列出了一些故障模式。但产品不同，故障模式也不同，如机床、汽车、起动设备等机械产品的故障模式表现为磨损、疲劳、折断、冲击、变形、破裂等。

某些机电产品的故障模式举例如下。

①水泵、涡轮机、发电机的故障模式有：误启动、误停机、速度过快、反转、异常的负荷振动、发热、线圈漏电、运转部分破损等。

②容器的故障模式有：泄漏、不能降温、加热、断热、冷却过分等。

③热交换器、配管类的故障模式有：堵塞、流路过大、泄漏、变形、振动等。

④阀门、流量调节装置的故障模式有：不能开启或不能闭合、开关错误、泄漏、堵塞、破损等。

⑤电力设备的故障模式有：电阻变化、放电、接地不良、短路、漏电、断开等。

⑥计测装置的故障模式有：信号异常、劣化、示值不准、损坏等。

⑦支承结构的故障模式有：变形、松动、缺损、脱落等。

⑧齿轮的故障模式有：断裂、压坏、熔触、烧结、磨耗（耗损）等。

⑨滚动抽承的故障模式有：滚动体轧碎、磨损、压坏、腐蚀、烧结、裂纹、保持架损坏等。

⑩滑动轴承的故障模式有：腐蚀、变形、疲劳、磨损、胶合、破裂等。

⑪电动机的故障模式有：磨损、变形、发热、腐蚀、绝缘破坏等。

环境应力造成的故障模式见表4－2。

表 4－2　环境影响和故障模式

环境因素	主要影响	典型故障模式
高温	热老化 金属氧化 结构变化 设备过热 黏度下降、蒸发	绝缘失效 接点接触电阻增大，金属材料表面电阻增大 橡胶、塑料开裂和膨胀 元件损坏、着火、低熔点焊锡缝开裂、焊点脱开 丧失润滑特性
低温	增大黏度和浓度 结冰现象 脆化 物理收缩 元件性能改变	丧失润滑特性 电气机械功能改变，液体凝固，盲管破裂 结构强度减弱，电缆损坏，蜡变硬，橡胶变脆 结构失效，增大活动件的磨损，衬垫、密封垫弹性消失，引起泄漏 铝电解电容器损坏，石英晶体不振动，蓄电池容量降低
高湿度	吸收湿气 电化反应 锈蚀 电解	物理性能下降，电强度降低；绝缘电阻降低，介电常数增大 机械强度下降 影响功能，电气性能下降，增大绝缘体的导电性
干燥	干裂 脆化 粒化	机械强度下降 结构失效 电气性能变化

（续上表）

环境因素	主要影响	典型故障模式
低气压	膨化 漏气 空气绝缘强度下降 散热不良	容器破裂 电气性能变化、机械强度下降 绝缘击穿、跳弧，出现跳弧、电晕放电现象和形成臭氧、电气设备工作不稳定甚至故障 设备温度升高
太阳辐射	老化和物理反应 脆化、软化黏合	表面特性下降、膨化、龟裂、折皱、橡胶和塑料变质、电气性能变化 绝缘失效、密封失效、材料失色、产生臭氧
砂尘	磨损 堵塞 静电荷增大 吸附水分	增大磨损、机械卡死、轴承损坏 过滤器阻塞、影响功能、电气性能变化 产生电噪音 降低材料的绝缘性
盐雾	化学反应 锈蚀和腐蚀电解	增大磨损，机械强度下降，电气性能变化 绝缘材料腐蚀 产生电化腐蚀、结构强度减弱
霉菌	霉菌吞噬和繁殖、吸附水分 分泌腐蚀液体	有机材料强度降低、损坏、活动部分阻塞并导致其他形式的腐蚀，如电化腐蚀 光学透镜表面薄膜侵蚀、金属腐蚀和氧化

（续上表）

环境因素	主要影响	典型故障模式
风	力作用 材料层积 热量损坏（低速风） 热量增加（高速风）	结构失效、影响功能、机械强度下降 机械影响和堵塞，加速磨损 加强低温影响 加速高温影响
雨	物理应力 吸收水和浸渍 锈蚀 腐蚀	结构失效，头锥、整流罩淋雨侵蚀 增加失热量，电气失效，结构强度下降 破坏防护镀层，结构强度下降，表面特性下降 加速化学反应
湿度冲击	机械应力	结构失效和强度下降，密封破坏，电气元件封装损坏
臭氧	化学反应 破裂 裂痕 脆化 粒化 空气绝缘强度下降	加速氧化 电气或机械性能发生变化 机械强度下降 影响功能 绝缘性下降，发生跳弧现象

（续上表）

环境因素	主要影响	典型故障模式
振动	机械应力疲劳 电路中产生噪音	晶体管外引力、固定电路的管脚导线折断，金属构件断裂、变形、结构失效，连接器、继电器、开关的瞬间断开，电子插件性能下降；陀螺漂移增大，甚至产生故障；加速度表精度降低，输出脉冲数超过预定要求；导致特性和引信装置的电气功能下降；粘层、键合点脱开，电路瞬间短路、断路
冲击	机械应力	结构失效，机件断裂或折断，电子设备瞬间短路
噪音	低频影响与震动相同，高频影响设备元件的谐振	电子管、波导管、调速管、磁控管、压电元件、薄壁上的继电器、传感器活门、开关、扁平的旋转天线等均受影响，结构可能失效
真空	有机材料分解、蜕变、放大、蒸发、冷焊	放气和蒸发污染光学玻璃，轴承、齿轮、相机快门等活动部件磨损加快 两种金属表面黏合在一起
加速度	机械应力 液压增加	结构变形和破坏 漏液
高压爆破环境	机械应力冲击波	结构失效，密封破裂 破裂，结构破裂

（2）故障原因。

系统、产品的故障原因，主要来自两个方面。

一是内在因素，从固有可靠性方面看，有以下原因：

①系统、产品的硬件设计不合理或存在潜在的缺陷，如设计水平低，未采取防震、防湿、减荷、安全装置、冗余等设计对策。

②系统、产品中的零、部件有缺陷。

③质量低，材质选用有错或不佳等。

④运输、保管、安装不善。

根据经验数据表明，在各类机电产品故障比率中，由固有可靠性引起的故障约占总数的80%。

二是外在因素，从使用可靠性方面看，引起故障的主要原因是环境条件和使用条件。

系统或产品的环境条件与使用条件越苛刻，越容易发生故障。湿度和温度过高或过低、振动、噪声、冲击、灰尘、有害气体等不仅是产品可靠性的有害因素，也是对操作人员有害的因素，这些都是引发故障的原因。根据机电产品寿命的统计表明，以室温（20℃～25℃）为基数，每升高10℃，使用寿命就缩短1/15～1/2。只要存在着上述原因，就意味着系统或产品存在潜在的故障，在一定条件下，就会产生一定模式的故障。

（3）故障机理。

故障机理是指诱发零件、产品、系统发生故障的物理与化学过程、电学与机械学过程，也可以说是形成故障源的原因。故障机理就是要考虑某个故障模式是如何发生的，以及它发生的可能性有多大。因此，在研究故障机理时，需要考虑下面三个原因。

①对象。对象是指发生故障的实体（系统或产品本身），以及其内部状态与潜在缺陷。对象的内部状态与结构，对故障的发生有抑制或促进作用。

②外部原因。外部原因是指能引起系统或产品发生故障的外界破坏因素，如外部环境应力、时间因素、人为差错等故障诱因，即人、环境与机器的关系。

③结果。结果是指在外部原因作用于对象后，对象内部状态发生变化，当此变化量超过某一阈值时，便形成故障。

（4）故障效应。

故障效应指的是某一故障发生后，它对系统、子系统、部件有什么影响，影响程度有多大。

（5）故障模式、故障机理与故障原因的关系。

故障原因包含着故障机理，而故障模式反映着故障机理的差别。但是，故障模式相同，其故障机理并不一定相同。例如机械零件变形这一故障模式，其机理可能有冲击、温度、破坏等多种。而同一故障机理，也可能出现不同的故障模式。例如疲劳的故障机理，就可以出现表面破裂、耗损、折断等故障模式。因此，考察一个部件，故障模式可能不止一种，如阀门故障至少有内部泄漏、外部泄漏、打不开、关不紧等四种模式。

图 4 – 1 所示是交流接触器的故障过程，从中可以清楚地看出故障模式、故障机理与故障原因之间的关系。

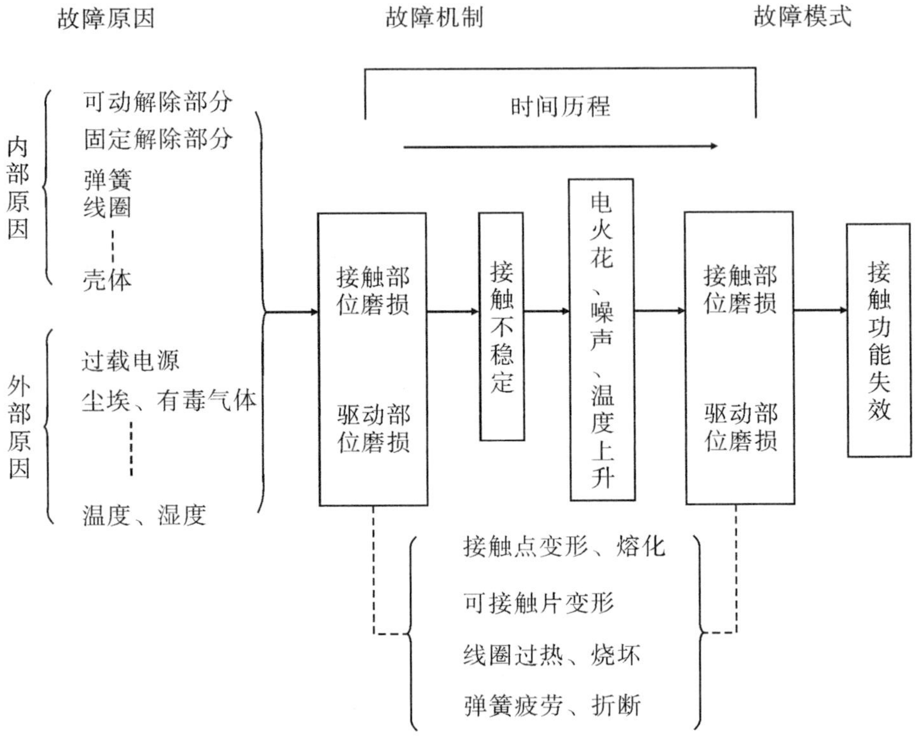

图 4－1　交流接触器故障过程示意图

（二）故障类型和影响分析步骤

故障类型及影响分析的思路是：从设计功能上，按照“系统—子系统—元件”的顺序分解研究故障模式，再按逆过程，即“元件—子系统—系统”的顺序研究故障的影响，选择对策，改进设计。因此，其分析步骤如图 4－2 所示。

1. 明确系统的情况和目的

在分析程序中首先应对系统的任务、功能、结构和运行条件等诸方面有一个全面的了解。如系统由哪些子系统、组件和元件组成，它们各自的特性、功能，以及它们之间的连接、输入输出的关系；系统运行方式和运行的额定参数、最低性能要求、操作和维修方式与步骤，系统与其他系统的相互关系、人机关系，以及其他环境条件的要求等。若要掌握这些情况，就应了解系统的设计任务书、技术设计说明书、图纸、使用说明书、标准、规范、事故情报等资料。

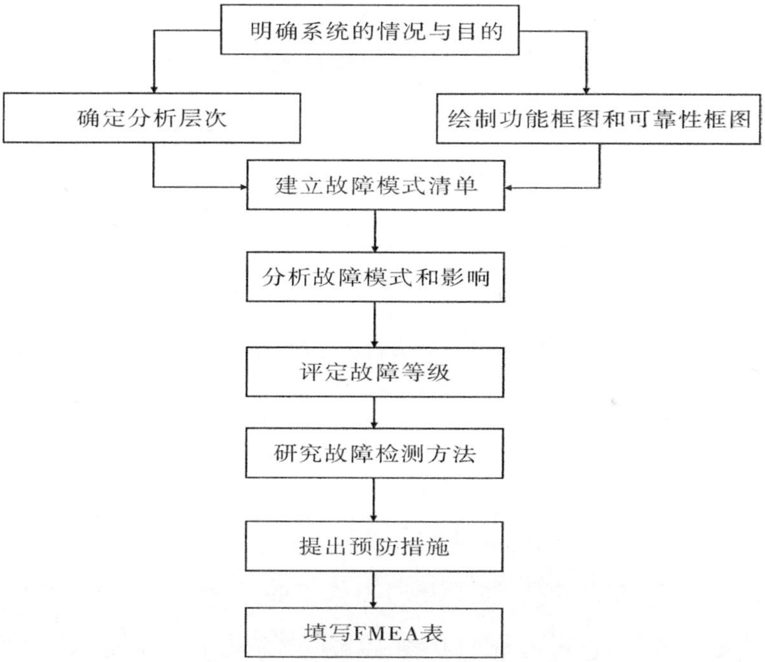

图 4－2　故障模式及影响分析程序框图

2. *确定分析的层次*

分析开始时就要根据系统的情况，决定分析到什么层次。这是一个重要的问题。图 4－3 所示是分析层次与故障模式及影响分析的关系。

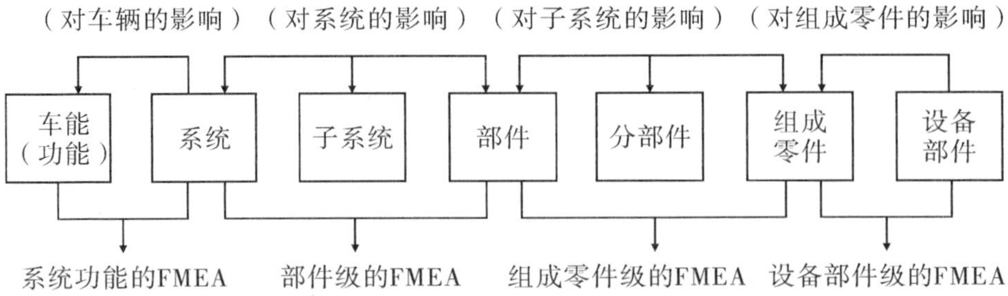

图 4－3　分析层次与故障模式及影响分析的关系

由图 4－3 可见，不同的分析层次故障模式及影响分析应有不同的格式。在各分析层次中，由于故障所在层次不同，故障模式对上一层影响和对下一层的故障原因追究深度也不相同。如果分析的层次太浅，就会漏掉重要的故障模式，得不到有用的资料；反之，若分析得过深，一切都分析到元件，则会造成结果繁杂且费时，同时对措施的制定也带来困难。一般来说，对关键的子系统可以分析得深一些，次要的可以分析得浅些，有的可以不分析。

3. 绘制功能框图和可靠性框图

根据对系统的分解和分析画出功能框图。

可靠性框图是从可靠性的角度建立的模型，它把实际系统的物理、空间要素与现象表示为功能与功能之间的联系，尤其明确了它们之间的逻辑关系。图 4－4 所示是高压空气压缩机的可靠性框图。

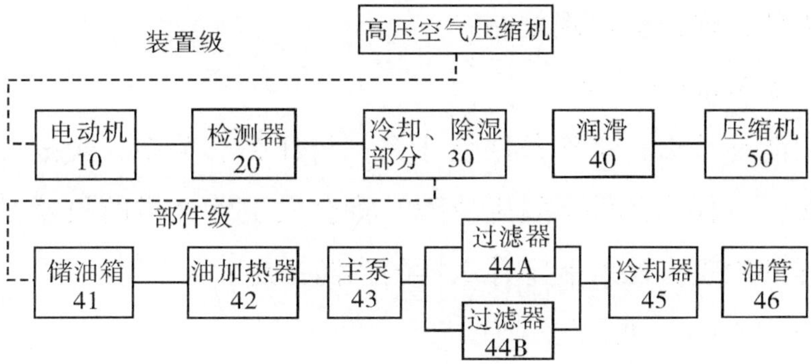

图4－4　高压空气压缩机的可靠性框图

4. 建立故障模式清单、分析故障模式及影响

这一步是实施故障模式及影响分析的核心，通过对可靠性框图所列全部项目的输出分析，根据理论知识、实践经验和相关故障资料，判断系统中所有实际可能出现的故障模式（即导致规定输出功能的异常和偏差）。分析过程的基本出发点，不是从故障已发生开始考虑，而是分析现有设计方案将会有哪种故障发生，即对每一种可能的输出功能偏差，预测可能发生什么故障，对部件、子系统、系统有什么影响及其程度，列出认为可能发生的全部故障模式。

选定、判断故障模式是一项技术性很强的工作，必须细致、准确。下面介绍“5W1H”启发性分析方法要领。

“5W1H”方法，就是指Who（谁）、When（何时）、Where（何处）、What（什么）、Why（为什么）、How（怎样、如何）的总称，以提问方式来完成对故障事故的思考。

（1）Why（为什么）。

为什么要有这个元件？为什么这个元件会发生故障？为什么不加防护装置？为什么不用机械代替人力？为什么不用特殊标

志？为什么输出会出现偏差？

（2）What（什么）。

功能是什么？工作条件是什么？与什么有关系？规范、标准是什么？在什么条件下发生故障？将会发生什么样的故障？采用什么样的检查方法？制定什么样的预防措施？

（3）Who（谁）。

谁在操作？故障一旦发生谁是受害者？谁是加害者？影响到哪些功能？谁来实施安全措施？

（4）When（何时）。

何时发生故障？何时检测安全装置？何时完成预防措施计划？

（5）Where（何地）。

在什么部位发生故障？防护装置装在什么地方最好？何处有同样的装置？监测、报警装置装在什么地方最好？何地需要安全标志？

（6）How（如何）。

发生故障的后果如何？影响程度如何？如何避免故障发生？安全措施控制能力如何？如何改进设计？

在故障分析时，应根据对象的不同来采取不同的分析方法。但必须注意，切勿只见现象，不见真正的原因。要从全局出发，综合各种信息，采取失效物理的微观分析，一般可按下面的程序进行。

①掌握全局性分析的综合调查。如果陷入过于细微的故障现象之中，往往会把原因和结果搞错，所以，首先要做全局性的调查。

②从非破坏性的外部分析到解剖性、破坏性的内部分析。

③建立故障原因的假设，并进而求证。

5. 研究故障检测方法

故障检测是发现故障的重要途径，设定故障发生后，若要说明故障所表现的异常状态及如何检侧，则必须研究故障检测方法。例如通过声音的变化或仪表指示量的变化进行故障检测。对保护装置和警报装置，要研究能被检测出的程度如何并作出评价。

6. 确定故障等级

由于各种故障模式所引起的子系统、系统事故有很大的差别，因而在处理措施上就要分清轻重缓急，区别对待。故障等级是衡量对系统任务、人员安全造成影响的尺度。确定故障等级的方法有以下几种。

（1）简单划分法。将故障模式对子系统或系统影响的严重程度分为四个等级，可根据实际情况进行分级，具体参见表4－3。

表4－3　故障类型分级表

故障等级	影响程度	可能造成的危害或损失
Ⅰ级	致命性	可能造成死亡或系统损失
Ⅱ级	严重性	可能造成严重伤害，严重职业病或主系统损坏
Ⅲ级	临界性	可能造成轻伤或次要系统损坏
Ⅳ级	可忽略性	不会造成伤害或职业病，系统也不会受损

（2）评点法。在难以取得可靠性数据的情况下，可采用此法，它比简单划分法精确。该方法从几个方面来考虑故障对系统

的影响程度，用一定的点数表示程度的大小，通过计算，求出故障等级。

评点数由下式得出：

$$C_s = \sqrt[i]{c_i \cdot c_2 \cdots c_i}$$

式中，C_s为总点数，$0 < C_s < 10$；

c_i为因数系数，$0 < c_i < 10$。

评点因素和系数如表 4 -4 所示。

表 4 -4　评点因素和系数

评点因素	系数 c_i
1. 故障影响大小	
2. 对系统造成影响的范围	$0 < c_i < 10$
3. 系统故障发生的频率	
4. 防止故障的难易程度	$0 < i < 5$
5. 是否为新设计	

其评点因素的内容比较模糊，而且系数取值范围较大，不易评得准确。

另一种求点数的方法如表 4 -5 所示，可根据评点因素求出点数，然后求和，算得总点数。

表 4-5 评点参考表

评点因素	内 容	点数
故障影响大小	造成生命损失	5.0
	造成相当程度的损失	3.0
	元件功能有损失	1.0
	无功能损失	0.5
对系统影响程度	对系统造成两处以上的重大影响	2.0
	对系统造成一处以上的重大影响	1.2
	对系统无过大影响	0.5
发生频率	容易发生	1.5
	能够发生	1.0
	不太发生	0.7
防止故障的难易程度	不能防止	1.3
	能够防止	1.0
	易于防止	0.7
是否为新设计	内容相当新的设计	1.2
	内容和过去相类似的设计	1.0
	内容和过去相同的设计	0.8

以上两种评点方法求出的总点数 C_s，均可按表 4-6 评出故障等级。

表 4 – 6 评点数与故障等级

故障等级	评点数	内 容	应采取的措施
Ⅰ（致命）	7～10	完不成任务，人员伤亡	变更设计
Ⅱ（重大）	1～7	大部分任务完不成	重新讨论设计，可变更设计
Ⅲ（轻微）	2～4	一部分任务完不成	不必变更设计
Ⅳ（可忽略）	<2	无影响	无

7. 故障类型及影响分析表格

可以根据分析的目的、要求设立必要的栏目，简洁明了地显示全部分析内容。常用的分析表格参见表 4 – 7。

表 4 – 7 故障类型及影响分析表格

项目	构成因素	故障模式	故障影响	危险严重程度	故障发生概率	检查方法	校正措施

（三）故障类型及影响、危险度分析

危险度分析的目的在于评价系统各种故障类型的危险度，据此按轻重缓急确定对策和措施。一般采用概率—严重度来评价故障类型的危险度。

1. 故障概率

故障概率，是指在一特定时间内，故障类型所出现的次数。时间可规定为一定的期限，如一年、一月等；或根据大修间隔期；完成一项任务的周期或其他被认为适应的期限来决定。

可以使用定性和定量方法来确定单个故障类型的概率。

（1）定性分类法。

①Ⅰ级故障概率很低，元件操作期间出现的机会可以忽略。

②Ⅱ级故障概率低，元件操作期间不易出现。

③Ⅲ级故障概率中等，元件操作期间出现的机会为50%。

④Ⅳ级故障概率高，元件操作期间易于出现。

（2）定量分类法。

①Ⅰ级是在元件工作期间，任何单个故障类型出现的概率小于全部故障概率的0.01。

②Ⅱ级是在元件工作期间，任何单个故障类型出现的概率大于全部故障概率的0.01而小于0.10。

③Ⅲ级是在元件工作期间，任何单个故障类型出现的概率大于全部故障概率的0.10而小于0.20。

④Ⅳ级是在元件工作期间，任何单个故障类型出现的概率大于全部故障概率的0.20。

2. 严重度

严重度指的是故障类型对系统功能的影响程度。它可以分为四个等级，参见表4－8。

表4－8　严重度等级划分

严重度等级	内容
Ⅰ （低的）	1. 对系统任务无影响 2. 对子系统造成的影响可忽略不计 3. 通过调整故障易于消除

（续上表）

严重度等级	内容
Ⅱ （主要的）	1. 对系统的任务虽有影响但可忽略 2. 导致子系统的功能下降 3. 出现的故障能够立即修复
Ⅲ （关键的）	1. 系统功能有所下降 2. 子系统的功能严重下降 3. 出现的故障不能立即通过检修予以修复
Ⅳ （灾难性的）	1. 系统功能严重下降 2. 子系统的功能全部丧失 3. 出现的故障需经彻底修理才能消除

（1）风险矩阵法。

故障发生的可能性和故障发生后引起的后果，经综合考虑后，能得出一个比较准确的衡量标准，称这个标准为风险率（或称危险度），它代表故障概率和严重度的综合评价。

有了严重度和故障概率的数据后，就可运用风险矩阵的评价法，因为用这两个特性就可表示出故障类型的实际影响。以故障类型发生概率为纵坐标，严重度为横坐标，综合这两个特性，画出风险率矩阵，如图 4－5 所示。

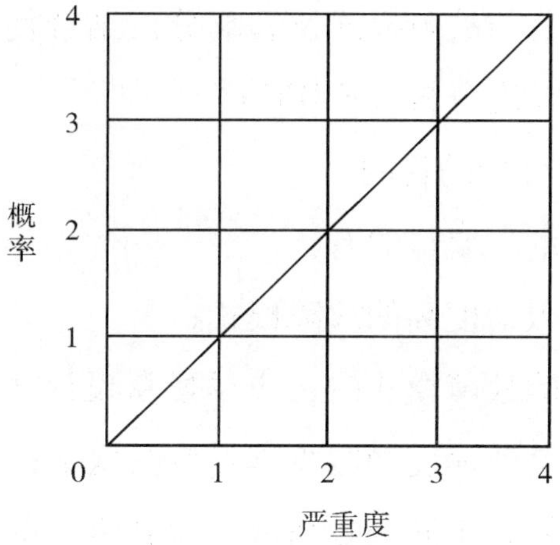

图 4－5　风险率矩阵示意图

沿矩阵原点到右上角画一对角线，并将所有故障类型按其严重度和发生概率填入矩阵图中，就可看出系统风险的密集情况。处于右上角方块中的故障类型风险率最高，向左下方移动，则风险率逐渐降低。但值得注意的是，有的故障类型虽然有高的发生概率，但造成危害的严重度较低，因而风险率也低；另一种情况，即虽然危害的严重度很高，但发生的概率很低，所以风险率也不高。

3. 致命度分析

（1）致命度的含义。

致命度分析（Criticality Analysis，CA）是在故障模式及影响分析的基础上扩展出来的。

在系统进行初步分析（如故障模式及影响分析）之后，对其中特别严重的故障模式（如Ⅳ级或Ⅲ级）单独再进行详细分析。致命度指数，即给出某故障模式产生致命度影响的概率。致命度分析就是对系统中各个不同的严重故障模式计算临界值，它是一种定量分析方法。与故障模式及影响分析结合使用时，称为故障模式、影响及致命度分析（FMECA）。

（2）致命度分析的目的。

致命度分析的主要目的有：

①尽量消除致命度高的故障模式；

②当无法消除故障模式时，应尽量从设计、制造、使用和维修等方面去降低其致命度和减少其发生的概率；

③根据故障模式不同的致命度，对其零、部件或产品提出相应的不同质量要求，以提高其可靠性和安全性；

④根据不同情况可采取为产品或部件的有关部位增设保护装置、监测预报系统等措施。

（3）致命度指数的计算。

致命度指数按下列公式计算：

$$c_r = \sum_{i=1}^{n} (\alpha \cdot \beta \cdot K_A \cdot K_E \cdot \lambda_G \cdot t \cdot 10^6)$$

式中：c_r为致命度指数，表示相应系统元件每 100 万次（或 100 万件产品中）运行造成系统故障的次数（或件数）；

n 为元件的致命性故障模式总数；

i 为致命性故障模式的第 i 个序号；

λ_G为元件单位时间或周期的故障率；

K_A为元件 λ_G的测定值与实际运行条件强度修正系数；

K_E为元件 λ_G的测定值与实际运行条件环境修正系数；

t 为完成一项任务，元件运行的小时数或周期（次）数；

α 为致命性故障模式与故障模式比，以及 λ_G 中致命性故障模式所占的比例；

β 为致命性故障发生及产生实际影响的条件概率，其值如表 4－9 所示。

表 4－9　致命性故障模式发生及产生实际影响的条件概率（β）

故障影响	发生概率（β）
实际丧失规定功能	$\beta=1.00$
很可能丧失规定功能	$0.1\leqslant\beta\leqslant1.0$
可能丧失规定功能	$1<\beta<10$
没有影响	$\beta=0$

10^6 为单位调整系数，将 c_r 值由每工作一次的损失换算为每工作 10^6 次的损失换算系数，经此计算后，$c_r>1$。

三、因果分析法

因果分析法是通过因果图表现出来的，因果图又称特性要因图、鱼骨图或石川图，于 1953 年由日本川琦制铁公司的质量管理专家石川馨最早使用。为了寻找产生某种质量问题的原因，发动大家谈看法，做分析，将群众的意见反映在一张图上，这张图就是因果图。用此图来分析产生问题的原因，便于集思广益。因为这种图反映的因果关系直观、醒目、条理分明，用起来比较方便且效果好，所以得到了许多企业的重视。

（一）因果分析法简介

使用该法首先要分清因果地位；其次要注意因果对应，任何结果都由一定的原因引起，一定的原因产生一定的结果，因果常是一一对应的，不能混淆；最后，要循因导果，执果索因，从不同的方向用不同的思维方式进行因果分析，这也有利于发展多向性思维。

按照事物之间的因果关系，通常是知因测果或倒果查因。因果预测分析是整个预测分析的基础。

因果分析法（技术）运用于项目管理中，就是以结果为特性，以原因为因素，逐步深入研究和讨论项目目前存在问题的方法。因果分析法的可交付成果就是因果分析图，如图 4－6 所示。

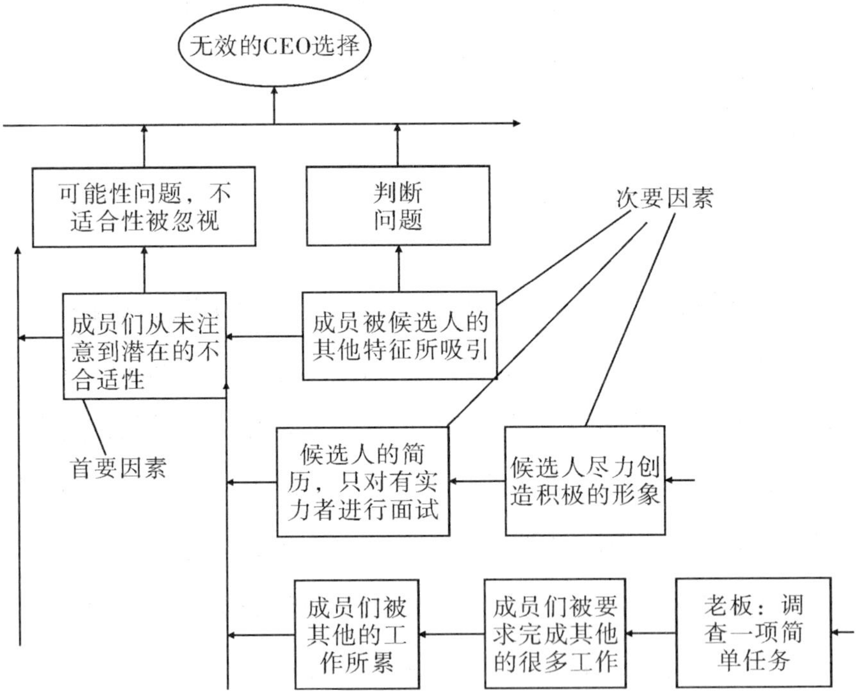

图 4－6　因果分析法节略图

一旦确定了因果分析图，项目团队就应该对之进行解释说明，通过数据统计分析、测试、收集有关问题的更多数据或与客户沟通来确认最基本的原因。确认了基本原因之后，项目团队就可以开始制订解决方案并进行改进了。

1. 鱼骨图定义

问题的特性总是受到一些因素的影响，通过头脑风暴法找出这些因素，并将它们与特性值一起，按相互关联性整理而成的层次分明、条理清楚，并标出重要因素的图形就叫作特性要因图。因其形状如鱼骨，所以又叫鱼骨图（以下称鱼骨图），它是一种透过现象看本质的分析方法。同时，鱼骨图也用于生产中，形象地表示生产车间的流程。

头脑风暴法（Brain Storming，BS）：一种通过集思广益的方式来发挥团体智慧，从各种不同角度找出问题所有原因或构成要素的会议方法。头脑风暴法有四大原则：严禁批评、自由奔放、多多益善、“搭便车”。

2. 鱼骨图的三种类型

鱼骨图的基本结构有以下三种类型：

（1）整理问题型鱼骨图。各要素与特性值间不存在因果关系，而是结构构成关系，对问题进行结构化整理。

（2）原因型鱼骨图。鱼头在右，特性值通常以“为什么……”来写。

（3）对策型鱼骨图。鱼头在左，特性值通常以“如何提高/改善……”来写。

3. 鱼骨图的制作

制作鱼骨图分两个步骤：分析问题原因/结构、绘制鱼骨图。

（1）分析问题原因/结构。

①针对问题点，选择层次方法（如人、机、料、法、环测量等）。

②通过头脑风暴分别为各层次类别找出所有可能原因（因素）。

③将找出的各要素进行归类、整理，明确其从属关系。

④分析选取重要因素。

⑤检查各要素的描述方法，确保语句简明、意思明确。

分析要点：

a. 确定大要因（大骨）时，现场作业一般从“人、机、料、法、环”着手，管理类问题一般从“人、事、时、地、物”层别着手，应视具体情况决定。

b. 大要因必须用中性词描述（不说明好坏），中、小要因必须使用价值判断（如……不良）。

c. 在进行头脑风暴时，应尽可能多而全地找出所有可能原因，而不仅限于自己能完全掌控或正在执行的内容。对人的原因，宜从行动而非思想态度方面分析。

d. 中要因跟特性值、小要因跟中要因间有直接的原因—问题关系，小要因应分析至可以直接下对策。

e. 如果某种原因可同时归属于两种或两种以上因素，请以关联性最强者为准（必要时考虑“三现主义”：即现时到现场看现物，通过相对条件的比较，找出相关性最强的要因归类）。

f. 选取重要原因时，不要超过 7 项，且应标识在最末端。

（2）鱼骨图绘图过程。

①填写鱼头（按为什么不好的方式描述），画出主骨。

②画出大骨，填写大要因。

③画出中骨、小骨，填写中小要因。

④用特殊符号标识重要因素。

要点：绘图时，应保证大骨与主骨成60度夹角，中骨与主骨平行。

4. 鱼骨图的使用步骤

（1）查找要解决的问题。

（2）把问题写在鱼骨的头上。

（3）召集同事共同讨论问题出现的可能原因，尽可能多地找出问题。

（4）把相同的问题分组，在鱼骨上标出。

（5）根据不同问题征求大家的意见，总结出正确的原因。

（6）拿出任何一个问题，研究为什么会产生这样的问题。

（7）针对问题的答案再问为什么，这样至少深入五个层次（连续问五个问题）。

（8）当深入到第五个层次后，认为无法继续进行时，列出这些问题的原因，然后列出至少20个解决方法。

5. 鱼骨图的案例分析

鱼骨图分析法是咨询人员进行因果分析时经常采用的一种方法，其特点是简洁实用，比较直观。现以某炼油厂情况作为实例，采用鱼骨图分析法对其市场营销问题进行分析，具体如图4-7所示。

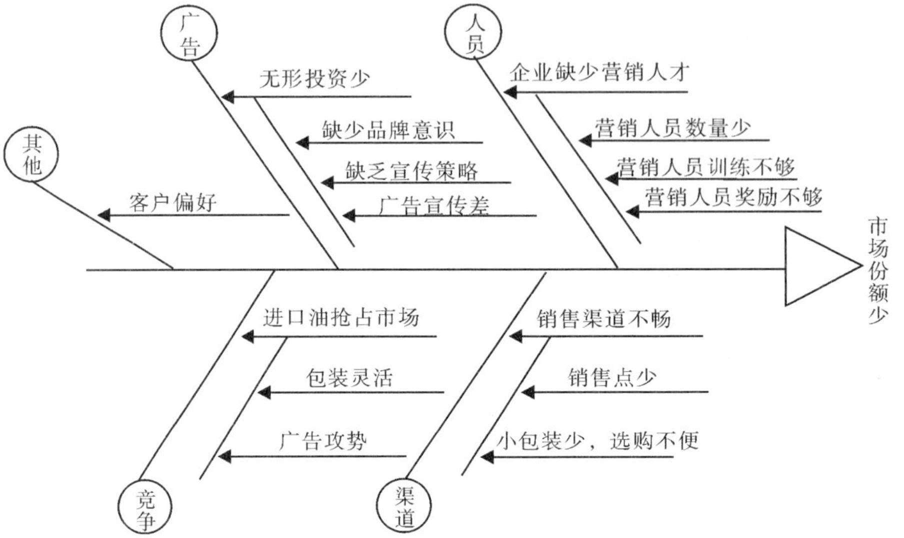

图 4-7　分析某炼油厂市场营销问题的鱼骨图

图中的“鱼头”表示需要解决的问题，即该炼油厂产品在市场中所占份额少。根据现场调查，可以把产生该炼油厂市场营销问题的原因概括为5类，即人员、渠道、广告、竞争和其他。每一类都包括若干造成这些原因的可能因素，如营销人员数量少、销售点少、缺少宣传策略、进口油广告攻势等。将这5类原因及其相关因素分别以鱼骨分布态势展开，形成鱼骨分析图。

下一步的工作是找出产生问题的主要原因，为此可以根据现场调查的数据，计算出每种原因或相关因素在产生问题过程中所占的比重，以百分数来表示。例如，通过计算发现，“营销人员数量少”，在产生问题过程中所占比重为35%，“广告宣传差”为18%，“小包装少”为25%，三者在产生问题过程中共占78%的比重，因此可以被认为是导致该炼油厂产品市场份额少的主要原因。如果我们针对这三大因素提出改进方案，就可以解决整个问题的 78%。该案例也反映了“二八原则”，即根据经验规律，20% 的原因往往产生 80% 的问题；如果由于条件限制，不能解决 100% 的问题，但只要抓住占全部原因的 20%，就能够取得解决 80% 的问题的成效。

（二）类型

在社会经济现象之间，因果关系大致可分为函数关系、相关关系、因子推演关系等几种不同的类型。

1. 函数关系

函数关系是指几种社会经济现象之间存在着确定的数量关系。用于预测具有此种函数关系的经济事物的常用方法有直线回归模型、二次曲线模型、指数曲线模型等预测方法。

2. 相关关系

相关关系指两种或两种以上的社会经济现象间存在着相互依存的关系，但在数量上没有确定的对应关系。在这种关系中，对于自变量的每一个值，因变量可以有几个数值与之相对应，表现出一定的波动性、随机性，但又总是围绕着它们的平均数并遵循着一定规律而变动。

相关关系与函数关系是性质不同的两类变量间的关系。变量之间存在着确定性数量对应规律的称为函数关系，可以用数学函数式表达。变量间不存在确定性数量对应规律的要用统计学的方法来研究。统计学上研究有关社会经济现象之间相互依存关系的密切程度叫做相关分析。相关分析可以得到一个表明相关程度的指标，称为相关系数。这种方法对于不能在实验室用实验方法分析的社会经济现象显得特别重要。通过相关分析，还可以测定和控制预测的误差，掌握预测结果的可靠程度，把误差控制在一个较小的范围内。

社会经济现象之间的相互关系是非常复杂的，表现出不同的类型和形态。从变量之间相互关系的方向来看，这些经济现象分为正相关和负相关。在某些经济现象之间，当自变量 x 的值增加时，因变量 y 的值也随之相应地增加，这样的相关关系就是正相关；当自变量 x 的值增加时，因变量 y 的值随之而呈减少的趋势，这种关系就是负相关。从变量之间相互关系的表现形式来看，可分为直线相关与非直线相关。当 x 值发生变动时，y 值随之发生大致均等的变动（增加或减少），表现在图形上就是其观察点分布于狭长的带形区域之内，并近似地表现为直线形式，这样的关系通称为直线相关。当 x 值变动时，y 值随之呈不均等变动（增加或减少），表现在图形上就是其观察点的分布近似地表现为各种不同的曲线形式，这种相关关系通称为非直线相关。相关关系法重要的是确定判断变量相关系数。

3. 因子推演关系

因子推演即根据引起某种社会经济现象变化的因子，推测某种现象变化趋势。例如，每年新建立的家庭数目是住房需求量的因子，青年结婚的数量是家具和衣服的销售量的因子，婴儿出生人数是玩具需要量的因子，汽车的销售量是汽车配件需求量的因子，等等。根据某经济现象的因子就可以预测它的需求量变化趋势。

（三）分析方法

因果关系分析法，是从事物变化的因果关系质的规定性出发，用统计方法寻求市场变量之间依存关系的数量变化函数表达式的一类预测方法。这类预测方法，在市场预测中常用的有两种：

1. 回归分析法

当预测目标变量（称因变量）由于一种或几种影响因素变量（称自变量）的变化而发生变化，根据某一个自变量或几个自变量的变动，来解释推测因变量变动的方向和程度，常用回归分析法建立数学模型。

回归分析法是在掌握大量观察数据的基础上，利用数理统计方法建立因变量与自变量之间的回归关系函数表达式，从而描述它们之间数量上的平均变化关系。这种函数表达式称为回归方程式。

回归分析中，当研究的因果关系只涉及因变量和一个自变量时，叫做一元回归分析；当研究的因果关系涉及因变量和两个或两个以上自变量时，叫做多元回归分析。又依据描述自变量与因变量之间因果关系的函数表达式是线性的还是非线性的，分为线性回归分析和非线性回归分析。

线性回归分析是最基本的方法，也是市场预测中的一种重要预测方法。

2. 经济计量法

在市场经济条件下，市场作为社会经济活动的基本场所，它一方面是企业营销活动的环境，另一方面也将社会经济系统视为其环境。这种市场现象间的系统关系，使市场变量间的某些因果关系不能只研究自变量对因变量的影响，而忽视因变量对自变量的逆向影响或各种自变量之间的相互影响。

对于这样一种市场变量间相互依存的复杂关系，回归分析法往往就不能作出系统描述。而经济计量法就是揭示这类市场变量间复杂因果关系数量变化关系的方法。

经济计量法，是在以经济理论和事实为依据的定性分析基础上，利用数理统计方法建立一组联立方程式，从而描述预测目标与相关变量之间经济行为结构的动态变化关系。这组联立方程式称为经济计量模型。

（四）应用步骤

因果关系分析法预测应用的基本思路是：首先，通过对市场经济现象之间因果关系的分析探讨，说明现象之间相互联系的规律性；然后，选择恰当的数学模型描述因果关系主要变量间的关系形态；最后，根据数学模型预测市场发展前景及可能达到的水平。

因果关系分析应用步骤大致如下：

（1）利用资料分析市场现象之间的因果关系，确定预测目标以及因变量和自变量。

分析市场现象因果关系必须做到：

①凭借人们拥有的经验、知识以及思维判断能力，对预测问题在质的分析基础上，明确表征预测目标的运动规律及影响其变化的因素的诸多市场变量。

②选定因变量和自变量。在通常情况下，表征预测目标的变量称因变量（如卷烟零售量或额）；表征影响预测目标变化的各种因素的变量称自变量。从市场预测过程来讲，明确预测目标选定因变量是首要任务，但从众多影响预测目标的因素中选定参与

预测的自变量，才是保证预测结果可信度的关键。

（2）根据变量之间的因果关系类型，选择数学模型，并经过运算，求出有关参数，通过统计检验建立预测模型。

（3）预测分析，确定预测值。

市场的客观经济现象是十分复杂的，数学预测模型只能明确地、形象地显示出市场从过去至现在发展过程中有关事件观察数据中呈现的因果关系，而如何确定符合市场需要及其实际变化的预测值，还需要预测者掌握丰富的市场信息，依靠个人的经验和分析判断能力，最后作出科学判断。

运用量的分析中的因果关系分析法进行市场预测时，还需与质的分析相结合，把各种主要因素考虑进去，参照已经出现和正在出现的可能性，综合分析、判断，对预测模型计算出来的预测值作恰当调整，确定最终预测值，使预测结果更接近实际。

四、层次分析法

层次分析法（Analytic Hierarchy Process，AHP）是将与决策有关的元素分解成目标、准则、方案等层次，在此基础上进行定性和定量分析的决策方法。该方法是美国运筹学家匹兹堡大学教授萨蒂于 20 世纪 70 年代初在为美国国防部研究“根据各个工业部门对国家福利的贡献大小而进行电力分配”课题时，应用网络系统理论和多目标综合评价方法而提出的一种层次权重决策分析方法。

（一）层次分析法简介

层次分析法是在对复杂的决策问题的本质、影响因素及其内在关系等进行深入分析的基础上，利用较少的定量信息使决策的思维过程数学化，从而为多目标、多准则或无结构特性的复杂决策问题提供简便的决策方法，尤其适合于对决策结果难于直接准确计量的场合。

在现实世界中，往往会遇到决策的问题，比如如何选择旅游景点的问题，选择升学志愿的问题，等等。在决策者作出最后的决定以前，他必须考虑很多方面的因素或判断准则，最终通过这些准则作出选择。比如在选择一个旅游景点时，你可以从宁波、普陀山、浙西大峡谷、雁荡山和楠溪江中选择一个作为自己的旅游目的地，在进行选择时，你所考虑的因素有旅游的费用、目的地的景色、景点的居住条件和饮食状况以及交通状况等。这些因素是相互制约、相互影响的。我们将这样的复杂系统称为一个决策系统。这些决策系统中很多因素之间的比较往往无法用定量的方式描述，此时需要将半定性、半定量的问题转化为定量计算的问题。层次分析法是解决这类问题的有效方法。层次分析法将复杂的决策系统层次化，通过逐层比较各种关联因素的重要性来为分析以及最终的决策提供定量的依据。

（二）层次分析法定义

所谓层次分析法，是指将一个复杂的多目标决策问题作为一个系统，将目标分解为多个子目标或准则，进而分解为多指标（或准则、约束）的若干层次，通过定性指标模糊量化方法算出层次单排序（权数）和总排序，以作为目标（多指标）、多方案优化决策的系统方法。

层次分析法是将决策问题按总目标、各层子目标、评价准则直至具体的备择方案的顺序分解为不同的层次结构，然后用求解判断矩阵特征向量的办法，求得每一层次的各元素对上一层次某元素的优先权重，最后再用加权和的方法递阶归并各备择方案对总目标的最终权重，最终权重最大者即为最优方案。这里所谓“优先权重”是一种相对的量度，它表明各备择方案在某一特点的评价准则或子目标下优越程度的相对量度，以及各子目标对上一层目标而言的重要程度的相对量度。层次分析法比较适合于具有分层交错评价指标的目标系统，并且目标值又难以定量描述的决策问题。

（三）层次分析法的优点

运用层次分析法有很多优点，其中最重要的一点就是简单明了。层次分析法不仅适用于存在不确定性和主观信息的情况，还允许以合乎逻辑的方式运用经验、洞察力和直觉。在某种意义上层次分析法最大的优点是提出了层次本身，它使得决策者能够认真地考虑和衡量指标的相对重要性。

（四）层次分析法的基本步骤

1. 建立层次结构模型

在深入分析实际问题的基础上，将有关的各个因素按照不同属性自上而下地分解成若干层次，同一层的诸因素从属于上一层的因素或对上层因素有影响，同时又支配下一层的因素或受到下层因素的影响。最上层为目标层，通常只有一个因素，最下层通常为方案或对象层，中间可以有一个或几个层次（通常为准则或指标层）。当准则过多时（譬如多于 9 个）应进一步分解出子准则层。

2. 构造判断矩阵

层次分析法的一个重要特点就是用两两重要性程度之比的形式表示出两个方案的相应重要性程度等级。如对某一准则进行分析，对其下的各方案进行两两对比，并按其重要性程度评定等级。记 a_{ij}为第 i 和第 j 因素的重要性之比，表 4－10 列出萨蒂给出的 9 个重要性等级及其赋值。按两两比较结果构成的矩阵 $A=(a_{ij})\ n\times n$ 称作判断矩阵。判断矩阵具有如下性质：$a_{ij}>0$，$a_{ij}=1$，且 $a_{ij}=1/a_{ij}$（i，$j=1$，2，…，n）即 A 为正互反矩阵。比例标度表见表 4－10。

表 4－10　比例标度表

因素 X_i 比因素 X_j	量化值
同等重要	1
稍微重要	3
较强重要	5
强烈重要	7
极端重要	9
两相邻判断的中间值	2，4，6，8

3. 计算权重向量

为了从判断矩阵中提炼出有用信息，以达到对事物的规律性的认识，为决策提供科学依据，就需要计算判断矩阵的权重向量。

定义：判断矩阵 $A=(a_{ij})_{n\times n}$，如对 $\forall_{i,j,k}=1$，2，…，n，成立 $a_{ij}=a_{ik}a_{kj}$，则称 A 满足一致性，并称 A 为一致性矩阵。

一致性矩阵 A 具有下列简单性质：

（1）$rank$（A）$=1$，且存在唯一的非零特征值 $\lambda_{\max}=n$，其经规范化后的特征向量 $w=(w_1, w_2, \cdots, w_n)^{T}$ 叫做权重向量，且 $a_{ij}=w_i/w_j$。

（2）A 的列向量之和经规范化后的向量，就是权重向量。

（3）A 的任一列向量经规范化后的向量，就是权重向量。

（4）对 A 的全部列向量求每一分量的几何平均，再经规范化后的向量，就是权重向量。

因此，对于构造出的判断矩阵，可以求出最大特征值所对应的特征向量，然后归一化后作为权值。根据上述定理中的性质（2）和性质（4）即可得到判断矩阵满足一致性的条件下求取权值的方法，分别称为和法与根法。但当判断矩阵不满足一致性时，用和法与根法计算权重向量则很不精确。

4. 一致性检验

当判断矩阵的阶数时，通常难以构造出满足一致性的矩阵来，但判断矩阵偏离一致性条件又应有一个度。为此，必须对判断矩阵是否可接受进行鉴别，这就是一致性检验的内涵。

定理：设 $\lambda_{\max}$ 是正互反矩阵 $A=(a_{ij})_{n\times n}$ 的最大特征值，则必有 $\lambda_{\max}\geqslant n$，其中，等式当且仅当 A 为一致性矩阵时成立。

应用上面的定理，则可以根据 $\lambda_{\max}=n$ 是否成立来检验矩阵的一致性，如果 $\lambda_{\max}$ 比 n 大得越多，则 A 的非一致性程度就越严重。因此，定义一致性指标 $CI=\dfrac{\lambda_{\max}-n}{n-1}$ 时，它有以下规律：

（1）CI 越小，说明一致性越大。

考虑到一致性的偏离可能是由于随机原因造成的，因此在检验判断矩阵是否具有满意的一致性时，还需将 CI 和平均随机一致性指标 RI 进行比较，得出检验系数 CR，即 $CR=\frac{CI}{RI}$。

（2）如果 $CR<0.1$，则认为该判断矩阵通过一致性检验，否则就不具有满意的一致性。

其中，随机一致性指标 RI 和判断矩阵的阶数有关，一般情况下，矩阵阶数越大，则出现一致性随机偏离的可能性也越大，其对应关系如表4－11所示。

表4－11　平均随机一致性指标 RI 标准值

矩阵阶数	1	2	3	4	5	6	7	8	9	10
RI	0	0	0.58	0.90	1.12	1.24	1.32	1.41	1.45	1.49

可见，层次分析法不仅原理简单，而且具有扎实的理论基础，是定量与定性方法相结合的优秀的决策方法，特别是对于定性因素起主导作用的决策问题。

（五）应用层次分析法的注意事项

如果所选的要素不合理，其含义混淆不清或要素间的关系不正确，都会降低层次分析法的结果质量，甚至导致层次分析法决策的失败。

为保证递阶层次结构的合理性，需把握以下原则：

（1）分解简化问题时把握主要因素，不漏不多。

（2）注意相比较的元素之间的强度关系，相差太悬殊的要素不能在同一层次比较。

（六）层次分析法应用实例

1. 建立递阶层次结构

2. 构造两两比较判断矩阵（正互反矩阵）

对各指标之间进行两两对比之后，然后按 9 分位比率排定各评价指标的相对优劣顺序，依次构造出评价指标的判断矩阵。

3. 针对某一个标准，计算各备选元素的权重

关于判断矩阵权重计算的方法有两种，即几何平均法（根法）和规范列平均法（和法）。

（1）几何平均法（根法）。

计算判断矩阵 A 各行各个元素 m_i 的乘积；计算 m_i 的 n 次方根，对向量进行归一化处理，该向量即为所求权重向量。

（2）规范列平均法（和法）。

计算判断矩阵 A 各行各个元素 m_i 的和，将 A 各行元素的和进行归一化，该向量即为所求权重向量。

计算矩阵 A 的最大特征值 λ_{max}。

对于任意的 $i=1$，2，…，n，式中为向量 AW 的第 i 个元素。

4. 一致性检验

构造好判断矩阵后，需要根据判断矩阵计算针对某一准则层各元素的相对权重，并进行一致性检验。虽然在构造判断矩阵 A 时并不要求判断具有一致性，但判断偏离一致性过大也是不允许的，因此需要对判断矩阵 A 进行一致性检验。

第五章　事故树分析法

一、什么是事故树分析法

事故树分析法（Accident Tree Analysis，ATA）起源于故障树分析法（FTA），是安全系统工程的重要分析方法之一，它能对各种系统的危险性进行辨识和评价，不仅能分析出事故的直接原因，而且能深入地揭示出事故的潜在原因。用它描述事故的因果关系直观明了，思路清晰，逻辑性强，既可定性分析，又可定量分析。

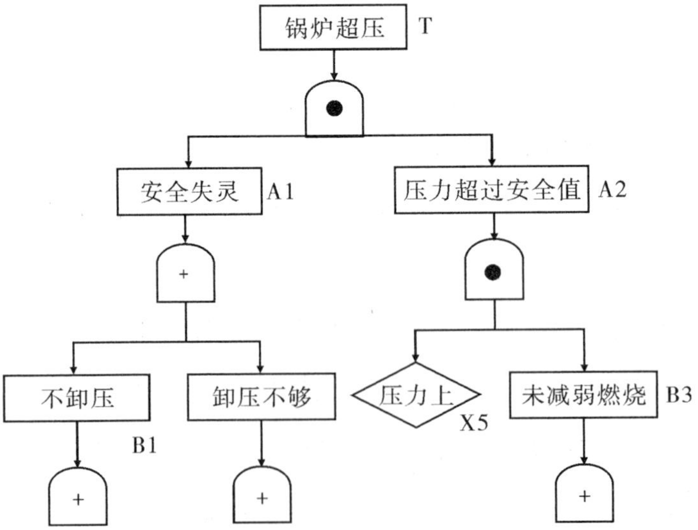

图 5－1　事故树分析法示意图

如图 5－1 所示，它是从要分析的特定事故或故障（顶上事件）开始，层层分析其发生的原因，直到找出事故的基本原因（底事件）为止。这些底事件又称为基本事件，它们的数据已知或者已经有统计或实验的结果。

“树”的分析技术属于系统工程的图论范畴。“树”是网络分析技术中的概念，要明确什么是“树”，先要弄清什么是“图”，什么是“圈”，什么是“连通图”等。

图论中的图是指由若干个点及连接这些点的连线组成的图形。图中的点称为节点，线称为边或弧。节点表示某一个体事物，边表示事物之间的某种特定的关系。比如，用点可以表示电话机，用边表示电话线；用点表示各个生产任务，用边表示完成任务所需的时间；等等。在一个图中，若任何两点之间至少有一条边，则称这个图是连通图。若图中某一点和边顺序衔接，序列中起点和终点重合，则称之为圈（或回路）。树就是一个无圈（或无回路）的连通图。

20 世纪 60 年代初期，很多高新产品在研制过程中，因对系统的可靠性、安全性研究不够，新产品在没有确保安全的情况下就投入市场，造成大量使用事故的发生，用户纷纷要求厂家进行经济赔偿，从而迫使企业寻找一种科学方法以确保产品安全。

事故树分析首先是由美国贝尔电话研究所于 1961 年为研究民兵式导弹发射控制系统时提出来的。1974 年美国原子能委员会对核电站事故进行了风险评价，发表了著名的《拉姆逊报告》，该报告大量运用了事故树分析法。此后，在社会各界引起了极大的反响，受到了广泛的重视，从而迅速地在许多国家和企业中得到应用和推广。我国是从 1978 年开始开展事故树分析方法的研究的。目前已有很多部门和企业正在进行普及和推广工作，并已取得一大批成果，这促进了企业的安全生产。80 年代末，铁路运输系统开始把事故树分析方法应用到安全生产和劳动保护上来，也已取得了较好的效果。

事故树分析方法可用于洲际导弹、核电站等复杂系统和其他各类系统的可靠性、安全性分析以及各种生产的安全管理可靠性分析和伤亡事故分析，它还可向成功树进行转换。

二、事故树分析法的基本符号

事故树是由各种符号和其连接的逻辑门组成的。最简单、最基本的符号有事件符号、逻辑门符号、转移符号。

（一）事件

在事故树分析中各种非正常状态或不正常情况皆称为事故事件，各种完好状态或正常情况皆称为成功事件，两者均简称为事件。事故树中的每一个节点都表示一个事件。

1. 结果事件

结果事件是由其他事件或事件组合所导致的事件，它总是位于某个逻辑门的输出端。通常用矩形符号表示结果事件。结果事件分为顶上事件和中间事件。

（1）顶上事件。顶上事件是事故树分析中所关心的结果事件，位于事故树的顶端，总是所讨论事故树中逻辑门的输出事件而不是输入事件，即系统可能发生的或实际已经发生的事故结果。

（2）中间事件。中间事件是位于事故树顶上事件和底事件之间的结果事件。它既是某个逻辑门的输出事件，又是其他逻辑门的输入事件。

2. 底事件

底事件是导致其他事件的原因事件，位于事故树的底部，它总是某个逻辑门的输入事件，而不是输出事件。底事件又分为基本原因事件和省略事件。

（1）基本原因事件。它表示导致顶上事件发生的最基本的或不能再向下分析的原因或缺陷事件，用圆形符号表示。

（2）省略事件。它表示没有必要进一步向下分析或其原因不明确的原因事件。另外，省略事件还表示二次事件，即不是本系统的原因事件，而是来自系统之外的原因事件，用菱形符号表示。

3. 特殊事件

特殊事件是指在事故树分析中需要表明其特殊性或引起注意的事件。特殊事件又分为开关事件和条件事件。

（1）开关事件。它又被称为正常事件，是在正常工作条件下必然发生或必然不发生的事件，用屋形符号表示。

（2）条件事件。它是限制逻辑门开启的事件，用椭圆形符号表示。

（二）事件符号

事件符号是用来表示事件的符号。其中主要包含：矩形符号、圆形符号、屋形符号、菱形符号，如图 5 – 2 所示。

图 5－2　主要的事件符号

（1）矩形符号。用它表示顶上事件或中间事件，将事件扼要记入矩形框内。但必须注意，顶上事件一定要清楚明了，不要太笼统。例如“交通事故”、“爆炸着火事故”，对此人们无法下手分析，而应当选择具体事故，如“机动车追尾”、“机动车与自行车相撞”、“建筑工人从脚手架上坠落死亡”、“道口火车与汽车相撞”等具体事故。

（2）圆形符号。它表示基本原因事件，可以是人的差错，也可以是设备、机械故障、环境因素等。它表示最基本的事件，不能再继续往下分析了。例如，影响司机瞭望条件的“曲线地段”、“照明不好”，司机本身问题影响行车安全的“酒后开车”、“疲劳驾驶”等原因，将事故原因扼要地记入圆形符号内。

（3）屋形符号。它表示正常事件，是系统在正常状态下发生的正常事件，如“机车或车辆经过岔道”、“因走动取下安全带”等，将事件扼要记入屋形符号内。

（4）菱形符号。它表示省略事件，即表示事前不能分析，或者没必要再分析下去的事件。例如，“司机间断瞭望”、“天气不好”、“臆测行车”、“操作不当”等，将事件扼要记入菱形符号内。

（三）逻辑门符号

逻辑门符号是连接各个事件，并表示逻辑关系的符号。其中主要有：与门、或门、条件与门、条件或门以及限制门。

1. 与门符号

与门连接表示在输入事件 B1、B2 同时发生的情况下，输出事件 A 才会发生的连接关系。二者缺一不可，表现为逻辑积的关系，即 $A = B1 \cap B2$。在有若干输入事件时，也是如此，如图5－3（a）所示。

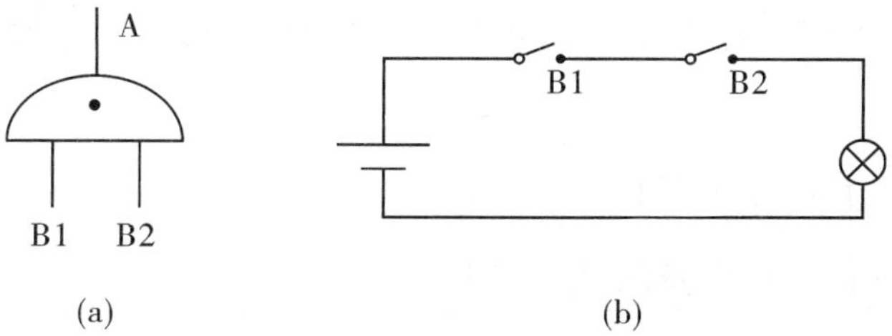

图5－3　与门符号示意图

"与门"用与门电路图来说明会更容易理解，如图 5－3（b）所示。

当 B1、B2 都接通（B1 =1，B2 =1）时，电灯才亮（出现信号），用布尔代数表示为 $X = B1 \cdot B2 = 1$。

当 B1、B2 中有一个断开或都断开（B1 =1，B2 =0 或 B1 =0，B2 =1 或 B1 =0，B2 =0）时，电灯不亮（没有信号），用布尔代数表示为 $X = B1 \cdot B2 = 0$。

2. 或门符号

表示输入事件 B1 或 B2 中，任何一个事件发生都可以使事件 A 发生，表现为逻辑和的关系即 $A = B1 \cup B2$。在有若干输入事件时，情况也是如此，如图 5－4（a）所示。

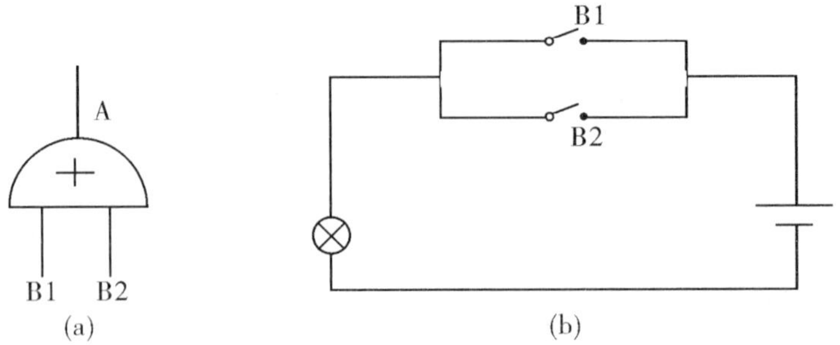

图 5-4　或门符号示意图

或门用相对的逻辑电路来说明会更好理解，如图 5-4（b）所示。

当 B1、B2 断开（B1 = 0，B2 = 0）时，电灯才不会亮（没有信号），用布尔代数表示为 $X = \mathrm{B1} + \mathrm{B2} = 0$。

当 B1、B2 中有一个接通或两个都接通（即 B1 = 1，B2 = 0 或 B1 = 0，B2 = 1 或 B1 = 1，B2 = 1）时，电灯亮（出现信号），用布尔代数表示为 $X = \mathrm{B1} + \mathrm{B2} = 1$。

3. 条件与门符号

表示只有当 B1、B2 同时发生，且满足条件 α 的情况下，A 才会发生，相当于三个输入事件的与门，即 $\mathrm{A} = \mathrm{B1} \cap \mathrm{B2} \cap \alpha$，将条件 α 记入六边形内，如图 5-5 所示。

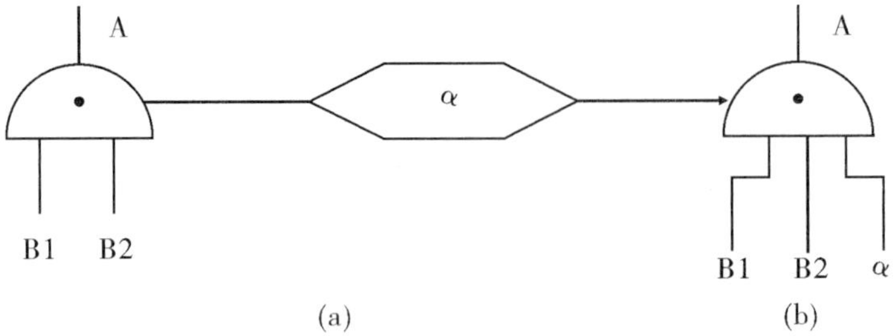

图 5-5　条件与门符号示意图

4. 条件或门符号

表示 B1 或 B2 任何一个事件发生，且满足条件 β 时，输出事件 A 才会发生，将条件 β 记入六边形内，如图 5－6 所示。

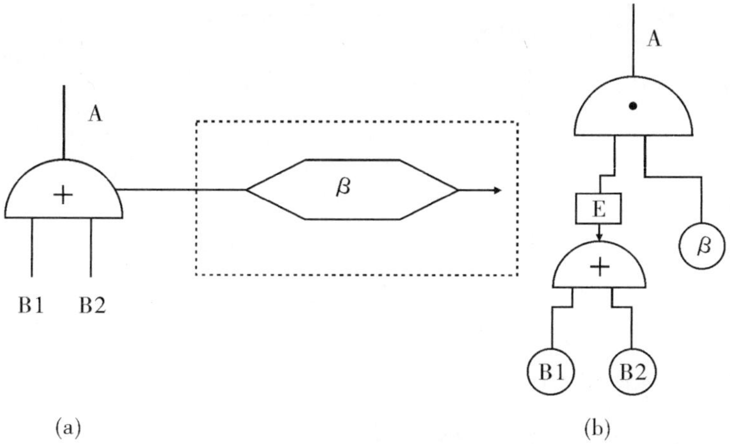

图 5－6　条件或门符号示意图

5. 限制门符号

它是逻辑上的一种修正符号，即输入事件发生且满足条件 γ 时，才产生输出事件；相反，如果不满足，则不发生输出事件，条件 γ 写在椭圆形符号内，如图 5－7 所示。

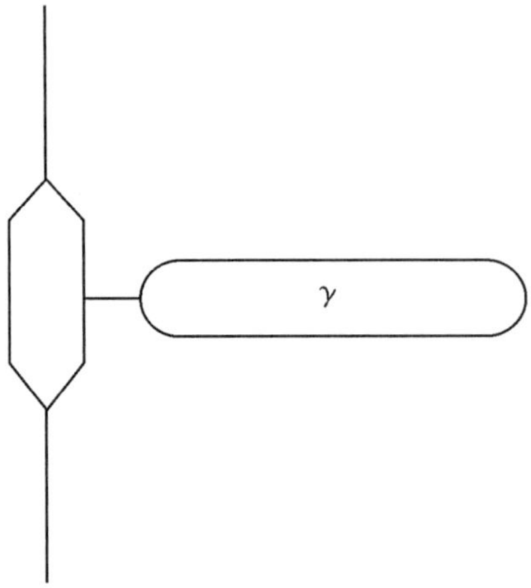

图 5－7　限制门符号示意图

（四）转移符号

当事故树规模很大时，需要将某些部分画在别的纸上，这就要用转出和转入符号，以标示向何处转出及从何处转入。

1. 转出符号

它表示向其他部分转出，△内记入向何处转出的标记，如图 5－8 所示。

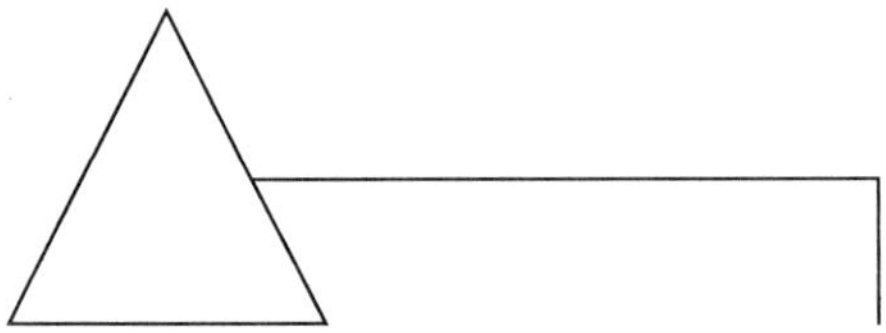

图 5－8　转出符号示意图

2. 转入符号

它表示从其他部分转入，△内记入从何处转入的标记，如图

5 –9 所示。

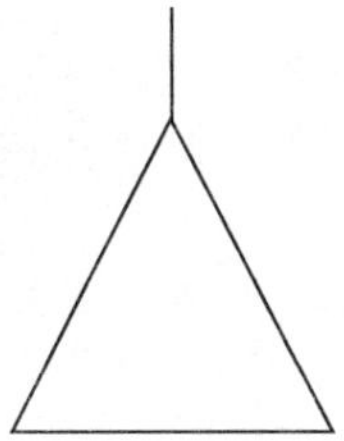

图5 –9　转入符号示意图

三、事故树分析法的程序

（一）事故树的编制程序

第一步：确定顶上事件。

顶上事件就是所要分析的事故。选择顶上事件，一定要在详细占有系统情况、有关事故的发生情况和发生可能，以及事故的严重程度和事故发生概率等资料的情况下进行，而且事先要仔细寻找造成事故的直接原因和间接原因。然后根据事故的严重程度和发生概率确定需要分析的顶上事件，将其扼要地填写在矩形框内。

顶上事件也可以是在运输生产中已经发生过的事故，如车辆追尾、道口火车与汽车相撞等。通过编制事故树，找出事故原因，制定具体措施，防止事故再次发生。

第二步：调查或分析造成顶上事件的各种原因。

顶上事件确定之后，为了编制好事故树，必须将造成顶上事件的所有直接原因事件找出来，不要漏掉。直接原因事件可以是机械故障、人的因素或环境原因等。

要找出直接原因可以采取对造成顶上事件的原因进行调查，召开有关人员座谈会，也可根据以往的一些经验进行分析，确定造成顶上事件的原因。

第三步：绘制事故树。

在找出造成顶上事件的各种原因之后，就可以用相应事件符号和适当的逻辑门把它们从上到下分层连接起来，层层向下，直到最基本的原因事件，这样就构成了一个事故树。

在用逻辑门连接上下层之间的事件原因时，若下层事件必须全部同时发生，上层事件才会发生时，就要用与门符号连接。逻辑门的连接问题在事故树中是非常重要的，一点也含糊不得，它涉及各种事件之间的逻辑关系，直接影响以后的定性分析和定量分析。

第四步：认真审定事故树。

画成的事故树图是逻辑模型事件的表达。既然是逻辑模型，那么各个事件之间的逻辑关系就应当严密、合理。否则，在计算过程中将会出现许多意想不到的问题。因此，对事故树的绘制要十分严谨。在制作过程中，一般要进行反复推敲、修改，除了局部更改以外，有的甚至要推倒重来，有时还需反复进行多次，直到符合实际情况、比较严密为止。

（二）事故树分析的程序

事故树分析虽然根据对象系统的性质、分析目的的不同，分析的程序也不同，但是，一般都有下面的 10 个基本程序。有时，使用者还可根据实际需要和要求来确定分析程序。

1. 熟悉系统

要求切实了解系统情况，包括工作程序、各种重要参数、作业情况，必要时画出工艺流程图和布置图。

2. 调查事故

要求在过去事故实例、有关事故统计的基础上，尽量广泛地调查所能预想到的事故，即包括已发生的事故和可能发生的事故。

3. 确定顶上事件

所谓顶上事件，就是我们所要分析的对象事件。选择顶上事件，一定要在详细了解系统运行情况、有关事故的发生情况、事故的严重程度和事故的发生概率等资料的情况下进行，而且事先要仔细寻找造成事故的直接原因和间接原因。然后根据事故的严重程度和发生概率确定需要分析的顶上事件，将其扼要地填写在矩形框内。

顶上事件可以是已经发生过的事故，如车辆追尾、道口火车与汽车相撞等，也可以是未发生的事故。通过编制事故树，找出事故原因，制定具体措施，防止事故再次发生。

4. 确定目标

根据以往的事故记录和同类系统的事故资料，进行统计分析，求出事故发生的概率（或频率），然后根据这一事故的严重程度，确定需要控制的事故发生概率的目标值。

5. 调查或分析事件原因

顶上事件确定之后，为了编制好事故树，必须将造成顶上事件的所有直接原因事件找出来，不要漏掉。直接原因事件可以是机械故障、人的因素或环境原因等。

主要方法有：

（1）调查与事故有关的所有原因事件和各种因素，包括设备故障、机械故障、操作者的失误、管理和指挥错误、环境因素等，尽量详细查清原因和影响。

（2）召开有关人员座谈会。

（3）根据以往的一些经验进行分析，确定造成顶上事件的原因。

6. 绘制事故树

这是事故树分析法的核心部分。在找出造成顶上事件的各种原因之后，就可以从顶上事件开始进行演绎分析，一级一级地找出所有直接原因事件，直到达到所要分析的深度，再用相应的事件符号和适当的逻辑门把它们从上到下分层连接起来，层层向下，直到最基本的原因事件，这样就构成了一个事故树。

画成的事故树图是逻辑模型事件的表达。既然是逻辑模型，那么各个事件之间的逻辑关系就相当严密、合理。否则，在计算过程中将会出现许多意想不到的问题。因此，对事故树的绘制要十分严谨。在制作过程中，一般要进行反复推敲、修改，除了局部更改以外，有的甚至要推倒重来，有时还需反复进行多次，直到符合实际情况、比较严密为止。

在用逻辑门连接上下层之间的事件原因时，注意逻辑门的连接问题是非常重要的，一点也含糊不得，它涉及各种事件之间的逻辑关系，直接影响以后的定性分析和定量分析。例如，若下层事件必须全部同时发生，上层事件才会发生时，则必须用与门符号连接。

7. 定性分析

根据事故树结构进行化简，求出事故树的最小割集（一般用 g 表示）和最小径集，确定各基本事件的结构重要度排序。当割集的数量太多，可以通过程序进行概率截断或割集阶截断。

8. 计算顶上事件发生概率

先根据所调查的情况和资料，确定所有原因事件的发生概率，并标在事故树上。再根据这些基本数据，求出顶上事件（事故）的发生概率。

9. 进行比较

根据可维修系统和不可维修系统分别考虑。对于可维修系统，把求出的概率与通过统计分析得出的概率进行比较；如果二者不符，则必须重新研究，看原因事件是否齐全，事故树逻辑关系是否清楚，基本原因事件的数值是否设定得过高或过低等。对于不可维修系统，求出顶上事件的发生概率即可。

10. 定量分析

定量分析包括下列三个方面的内容：

（1）当事故发生概率超过预定的目标值时，要研究降低事故发生概率的所有可能途径，可从最小割集着手，从中选出最佳方案。

（2）利用最小径集，找出根除事故的可能性，从中选出最佳方案。

（3）求各基本原因事件的临界重要度系数，从而对需要治理的原因事件按临界重要度系数大小进行排队，或列出安全检查表，以求加强人为控制。

事故树分析方法一般是由这 10 个步骤组成。但在具体分析时，可以根据分析的目的、投入人力物力的多少、人的分析能力的高低，以及对基础数据的掌握程度等，分别进行到不同步骤。如果事故树规模很大，也可以借助电子计算机进行分析。

第六章　电力安全事故处理程序

一、事故处理程序

事故处理程序如图 6－1 所示。

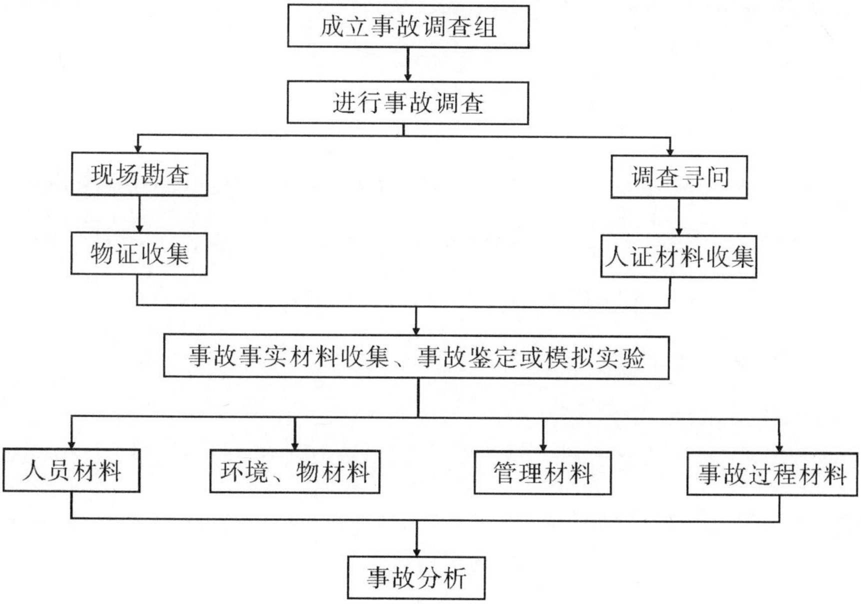

图 6－1　事故处理程序示意图

（1）保护事故现场。

事故发生后，事故单位应派专人严格保护现场，未经调查和记录的现场，不得任意变动。

（2）收集原始资料。

事故发生后，事故单位安监部门或其指定的部门应立即组织当值人员、现场作业人员和其他有关人员在离开事故现场前，分别如实提供现场情况并写出事故的原始材料。

（3）调查事故情况。

（4）分析原因和责任。

在详细调查的基础上，结合事故根本原因模型和事故树分析法剖析事故发生的原因和责任。

（5）提出事故暴露出来的问题。

根据事故的原因和责任分析，提出事故暴露出来的主要问题。

（6）提出防范措施。

通过事故发生、原因、责任和所暴露出来的问题的分析，向有关单位提出防止同类事故发生的管理措施和技术防范措施。

（7）提出人员处理建议。

（8）编制事故调查报告书。

（9）事故调查终结。

二、事故调查应遵循的原则

（一）事故现场保护原则

事故发生后，事故单位应派专人严格保护现场，未经调查和记录的现场，不得任意变动。

事发单位有关人员应及时对事故现场和损坏的设备进行照相、录像、绘制草图，收集和妥善保存相关资料，并及时移交事故调查组。

由于抢救伤员、疏导交通、紧急恢复电网运行和电力供应、防止事故扩大等原因，确实需要变动现场、移动电力设备的，必须经事发单位有关领导或安监部门同意，并做出标志，绘制现场简图，做好书面记录，妥善保存重要痕迹、物证，并进行拍照和录像。

任何单位和个人不得故意破坏事故现场，不得伪造、隐匿或者毁灭相关证据。

（二）原始资料收集原则

事故发生后，事故单位安监部门或其指定的部门应立即组织当值人员、现场作业人员和其他有关人员在离开事故现场前，分别如实提供现场情况并写出事故的原始材料。

事故单位安监部门要组织有关部门及时收集有关资料，例如，与事故有关的工作日志、工作票、操作票、工作方案、作业指导书、作业表单和安全技术交底单、风险管控措施、有关人员的笔录材料、故障录波和测距资料、雷电定位系统记录数据、电气一次和二次接线图、继电保护和安稳装置动作记录、监控系统打印记录、事故发生前后的通话录音、电力调度数据、发电机组运行数据和输变电设备运行数据，以及有关运行巡视检查、检修、预试定检、验收的记录文件等有关资料，并妥善保管。

事故调查组成立后，安监部门及其他有关部门应及时将有关材料移交调查组。

事故调查组应根据事故情况，查阅和收集有关材料，及时整理出说明事故情况的图表和分析事故所必需的各种资料和数据。

事故调查组在收集原始资料时应对现场收集到的所有物件（如破损部件、碎片、残留物等）保持原样，并贴上标签，注明地点、时间、物件管理人。

事故调查组有权向事故单位有关部门及有关人员了解相关情况并索取有关资料，任何单位和个人不得拒绝和隐瞒。

（三）事故调查原则

1. 人身事故调查原则

人身事故调查应查明以下内容：

（1）伤亡人员和有关人员的单位、姓名、性别、年龄、文化程度、工种、技术等级、工龄、本工种工龄等。

（2）事故发生前工作内容、开始时间、许可情况、作业程序、作业时的行为及位置、安全交底情况、安全措施落实情况、事故发生的经过、现场救护情况。

（3）事故发生前伤亡人员和相关人员的技术水平、安全教育记录、特殊工种持证情况和健康状况、过去的事故记录、违章违纪情况。

（4）事故场所周围的气象和环境情况（包括照明、湿度、温度、通风、声响、色彩度、道路、工种面状况以及工种环境中有毒、有害物质和易燃易爆物取样分析记录）、安全防护设施和个人防护用品的使用情况（了解其有效性、质量及使用时是否符合规定）。

（5）其他必须查明的材料。

2. 电力安全、设备事故调查原则

电力安全、设备事故调查应查明以下内容：

（1）事故发生的时间、地点、气象情况，事故发生前设备和系统的运行情况。

（2）事故发生经过、扩大及处理情况，事故造成的停电范围（市、区县停电情况），减供负荷及比例，停电用户数及比例。损失电量，设备损坏程度，直接经济损失。受影响的重要用户、安全交底等情况。

（3）有关的开关、保护、仪表、自动装置、故障录波器、调整装置、遥测遥信、遥控、录音装置和监控系统等记录和动作情况。

（4）相关设备资料（包括订货合同、大小修记录等）情况以及规划、设计、制造、施工安装、调试、运行、检修等质量方面存在的问题。

（5）由作业引发的电力安全、设备事故，还需查看检修申请单、调度批复的检修方式单、风险预警书发布、事故应急处置以及工作方案、两票执行等情况。

（6）其他必须查明的材料。

3. 其他原则

（1）了解有关安全生产管理规章制度、流程和标准是否健全，规章制度本身及其执行中暴露的问题。

（2）了解事故单位安全生产管理、安全生产责任制和安全生产教育和培训等方面存在的问题。

（3）了解安全风险管控工作中存在的问题。

（4）事故涉及两个以上单位时，应了解相关合同或协议。

在事故调查时，应按照调查组组长的安排，由安全监察部门、生产技术部门、系统运行部门、基建管理部门分别牵头组织并主要针对人身、设备、电力安全、基建人身及设备事故进行调查处理，由外包工程项目管理部门牵头组织针对外包工程人身和设备事故进行调查处理。

（四）原因和责任分析原则

事故调查组在详细调查的基础上，结合事故根本原因模型和事故树分析法的要求，系统、全面和综合地剖析事故发生的直接原因、间接原因及管理控制不到位与风险评估不充分方面存在的问题。必要时，事故调查组可委托专业技术部门进行相关计算、试验和分析。

事故调查组在分析原因和确认事实的基础上，客观分析并明确事故相关单位和个人的责任，进一步强化责任制的落实，从管理上预防事故发生。其中，重点分析各级人员安全生产责任是否落实，是否存在“三违”（违章指挥、违章作业和违反劳动纪律）行为和其他行为过失，是否存在失职、渎职或违法行为，是否完善安全措施，事故处置过程是否正确，安全生产管理和监督工作是否到位，风险控制措施是否完善等人为因素。

1. 确定事故的相关责任者

根据事故调查的事实，通过原因分析，确定事故的相关责任者，如根据原因分析确定直接责任者和间接责任者；根据其在事故发生过程中的作用，确定事故发生时的主要责任者、次要责任者、扩大责任者；根据安全生产管理是否到位的情况，确定领导责任者和管理责任者。

凡事故原因分析中存在下列与事故有关的问题，确定为领导责任：

（1）单位安全生产责任制不落实。

（2）规程制度不健全。

（3）对职工教育培训不力。

（4）现场安全防护装置、个人防护用品、安全工器具不全或不合格。

（5）反事故措施和安全技术劳动保护措施计划不落实。

（6）同类原因的事故在同一单位重复发生。

（7）违章指挥。

（8）风险管控不到位。

2. 事故根本原因模型

事故根本原因模型主要从以下三个层次进行分析。

（1）直接原因：直接导致事故发生的原因（包括导致事故或事件的不安全的行为、不安全的工作条件和其他原因）。

（2）间接原因：导致直接原因的原因（包括导致事故或事件的个人因素、工作因素和其他原因）。

（3）管理原因：①管理控制不到位，包括专业安全管理及监督不到位、生产管理规章制度缺失或不完善、安全生产管理规章制度的执行不到位、有关部门和人员安全生产责任未明确或落实不到位等。②风险评估不充分，包括危害辨识和风险评估不充分、风险评估标准不完善。

3. 事故树分析法

事故调查组在详细调查的基础上，结合事故根本原因模型，采用事故树分析法对事故调查情况进行对照分析和校核，理清与事故相关原因的逻辑关系和递进关系，查找导致事故发生的关键因素和问题，并绘制出事故树。

（五）提出暴露问题原则

事故调查组根据事故的原因和责任分析，提出事故暴露出来的主要问题。

（六）提出防范措施原则

事故调查组通过事故发生、原因、责任和暴露问题的分析，按管理层级对有关单位提出具体的防止同类事故发生的管理措施和技术防范措施。

（七）提出人员处理建议原则

事故调查组在事故责任确定后，要根据公司有关规定提出对相关责任人员的处理意见。

根据公司有关要求，对下列情况应从重处理：

（1）违章指挥、违章作业、违反劳动纪律造成事故的。

（2）事故发生后隐瞒不报、谎报或在调查中弄虚作假、隐瞒真相的。

（3）阻挠或无正当理由拒绝事故调查，拒绝或阻挠提供有关情况和资料的。

在事故处理中有以下情况，可按规定酌情从轻处理：积极恢复设备运行和抢修、安置伤员；在事故调查中主动反映事故真相而使事故调查顺利进行的有关事故责任人员。

（八）编制事故调查报告书原则

由国家各级政府部门或电力监管机构组织调查的事故，需由调查组按有关要求编制事故调查报告书。

公司系统组织内部调查的事故和自行组织调查的安全事件，由调查组牵头，调查部门负责，按本规程要求汇总编制《电力事故调查报告书》。

调查报告书基本内容应包含：

（1）事故发生单位概况和事故发生经过。

（2）事故造成的人员伤亡和直接经济损失，对电网运行、电力（热力）正常供应的影响情况。

（3）事故发生的原因和事故性质。

（4）事故应急处置和恢复电力生产、电网运行的情况。

（5）事故责任认定，对事故责任单位和责任人的处理建议。

（6）事故防范和整改措施。

（7）事故调查报告应当附具的有关证据材料和技术分析报告。

（8）事故调查组成员应当在事故调查报告上签名。

（九）事故调查终结

事故调查结束后，事故调查组织单位应将有关资料归档，资料必须完整，根据情况应有以下内容：

（1）事故报表。

（2）事故调查报告书、事故处理报告书及批复文件。

（3）现场调查笔录、图纸、仪器表及打印记录、资料、照片、录像等。

（4）技术鉴定和试验报告。

（5）物证、人证资料。

（6）直接和间接经济损失材料。

（7）事故责任者的自述材料。

（8）医疗部门对伤亡人员的诊断书。

（9）发生事故时的工艺条件、操作情况和设计资料。

（10）处分决定和受处分人的检查材料。

（11）有关事故的通报、简报及成立事故调查组的有关文件。

（12）调查组的人员名单，内容包括姓名、职务、职称、单位等。

（13）一、二次设备运行、检修、试验、验收和预试定检的记录文件。

（14）事故录音、继电保护和安稳装置动作记录、故障录波图、电气一次接线图、雷电定位系统记录数据、监控系统打印记录、工作日志、工作票、操作票、工作方案、作业指导书、作业表单和安全技术交底单等。

（15）事故树分析情况。

（16）其他有关资料。

第七章 1994年广东电网“5·25”事故分析

一、事故发生的经过

1994年5月25日220kV简（龙）秋（长）线检修期间，粤东电网仅靠220kV惠（阳）板（桥）线和广（州）新（丰江）线（广新线即220kV河源—棠下线）与广东主网联系。当日7时59分，惠板线发生单相接地，引发系统振荡，由于事故前惠板线、广新线超稳定极限运行，导致事故扩大，造成粤东电网崩溃，9个220kV变电站停电，6个城市大部分用户停电，汕头市减负荷50%以上，粤东电网损失负荷573MW。各线路连接情况可参见图7-1。

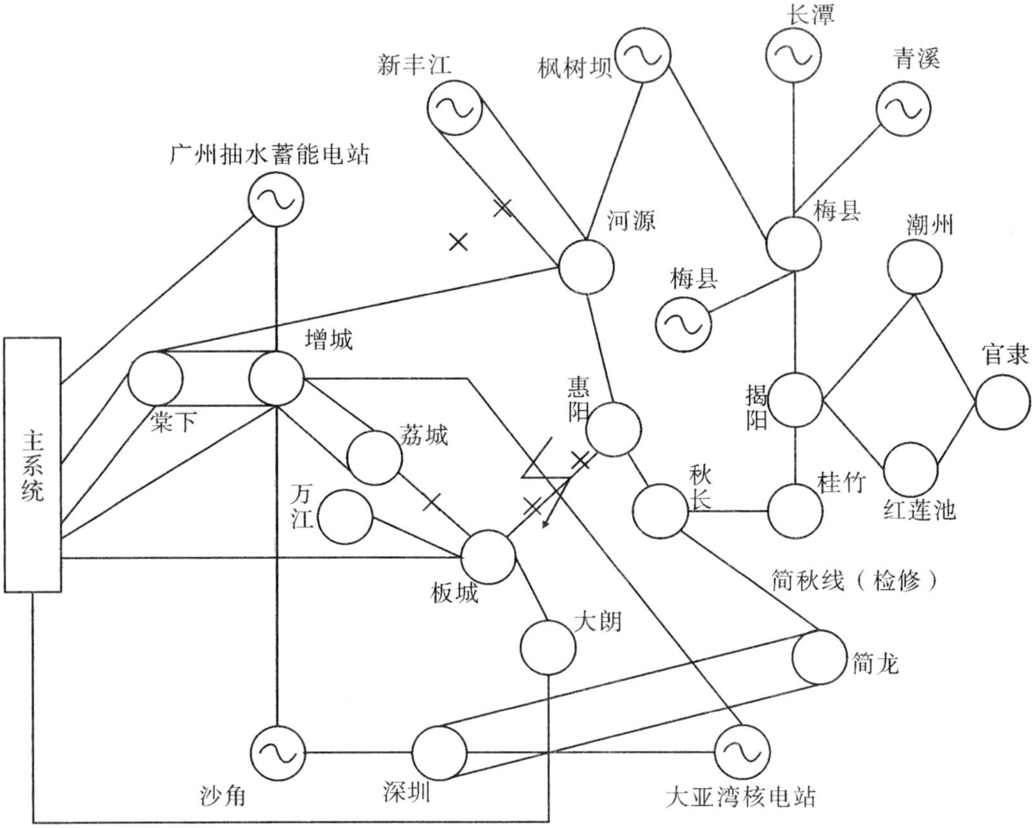

注：× 事故挑战线路

图 7－1　1994 年广东电网“5 · 25”事故接线图

事故前，5 月 25 日 6 时 41 分 220kV 简秋线按计划停电检修，粤东电网与广东主网仅靠两条 220kV（惠板线和广新线）进行弱联系。220kV 简秋线停电前后，调度员分别通知粤东电网的汕头、揭阳、潮州等各市控制用电负荷。

7 时 30 分，主网侧的外购电源按计划增加出力，电网频率在 50.20Hz 附近运行。

7 时 59 分 04 秒，惠板线 63～64 号杆塔间 B 相导线对树放电，线路两侧高频闭锁零序保护、相差高频保护动作跳 B 相，板桥侧 1.2s 后重合不成功跳三相，惠阳侧 B 相跳开后经 280ms 相差高频保护再次出口跳 A、C 相。此后经 200ms 惠阳站母线电压已不能维持，在 380ms 时降至最低点（正常值的 60%），接着开始第一个周期的振荡，周期长 540ms；振荡接着加剧，至 7 时 59 分 10 秒，振荡周期缩至 100 ~ 200ms，220kV 新（丰江）河（源）乙线距离保护Ⅰ、Ⅱ段动作跳河源侧，新丰江 3、4 号机解列，减少了粤东电网的电源支持。

7 时 59 分 09 秒，220kV 板（桥）荔（城）线相差高频保护启动，荔城侧三相跳闸，板桥侧未跳（后查明线路无故障）。

7 时 59 分 15 秒，梅县电厂 110kV 线低频解列，梅县电厂带近区负荷及厂用电运行。

7 时 59 分 25 秒，新丰江电厂发现 2 号机无功表针满刻度，手动切 2 号机。

7 时 59 分 37 秒，广新线河源侧相差高频保护启动跳三相断路器。

7 时 59 分 49 秒，枫树机房电厂复合负序过流保护跳 1、2 号机，青溪电厂手动将 3、4 号机解列，粤东电网频率、电压崩溃，汕头、揭阳、潮州、惠州、河源、汕尾六市及河源、惠阳、秋长、桂竹、揭阳、红莲池、官史、潮州、梅县等 9 个 220kV 变电站停电，粤东电网减供负荷 573MW。

8 时 16 分广新线恢复送电，8 时 32 分惠板线恢复送电。

当日 9 时 23 分，所有 220kV 线路及变电站全部恢复供电。

二、轨迹交叉事故模型在此事故分析中的应用

在第二章我们已经介绍过轨迹交叉事故模型，现在我们将用它来分析上述事故，各要素可参见图7－2。

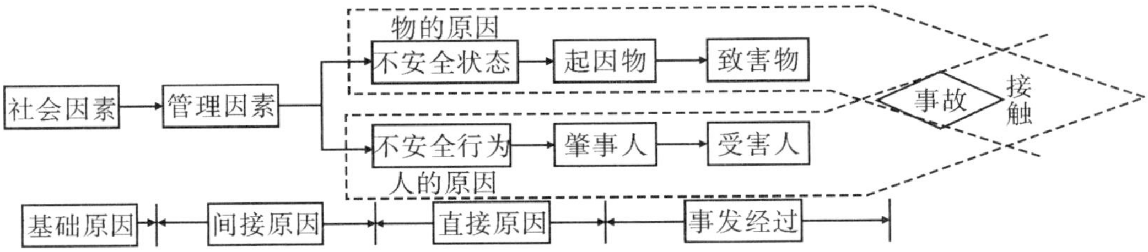

图7－2　轨迹交叉事故模型示意图

基础原因：由于粤东电网与广东电网长期仅靠220kV惠（阳）板（桥）线和广（州）新（丰江）线（广新线即220kV河源—棠下线）进行弱联系。电网网架比较薄弱。同时，粤东电网的负荷增长速率快，对电网形成巨大压力。

管理因素：事发前没有做好线路的日常维护工作，线路检修安排的控制性措施操作性不强，缺乏有力的控制手段。

物的不安全状态：粤东电网与广东主网仅靠两条220kV的线路（惠板线和广新线）进行弱联系，且线路走廊下存在树木等严重影响电网安全的各种外界因素。主调频机组在受电区域，增加了控制难度。

人的不安全行为：事发前线路巡线不到位，安排的控制措施未落实到位，相关人员并未严格执行有关规定。

起因物：事故发生期间，正处于用电的早高峰期，用电量陡

然增加。此时主网侧外购电源按计划出力，没有考虑到主网实际情况，电网频率超过 50. 20Hz，且受端区域电网调频机组调整出力，粤东电网与主网的联络线严重过负荷，垂弧加大，导致线路对树放电。

肇事人：事故发生在准备交接班的时间内，当班人员存在侥幸心理，是事故发生的原因之一。

致害物：受端区域用电负荷的不断增大，最终线路保护动作跳闸。受端区域电网机组相继解列。

受害人：相关市调未按中调下达的指标控制用电负荷，是造成联络线大大超过暂态稳定极限的重要因素。

事故：本次事故导致粤东电网频率、电压崩溃，汕头、揭阳、潮州、惠州、河源、汕尾六市及河源、惠阳、秋长、桂竹、揭阳、红莲池、官史、潮州、梅县等 9 个 220kV 变电站停电，粤东电网减供负荷 573MW。

用轨迹交叉事故模型对这次事故进行分析，如图 7 – 3 所示：

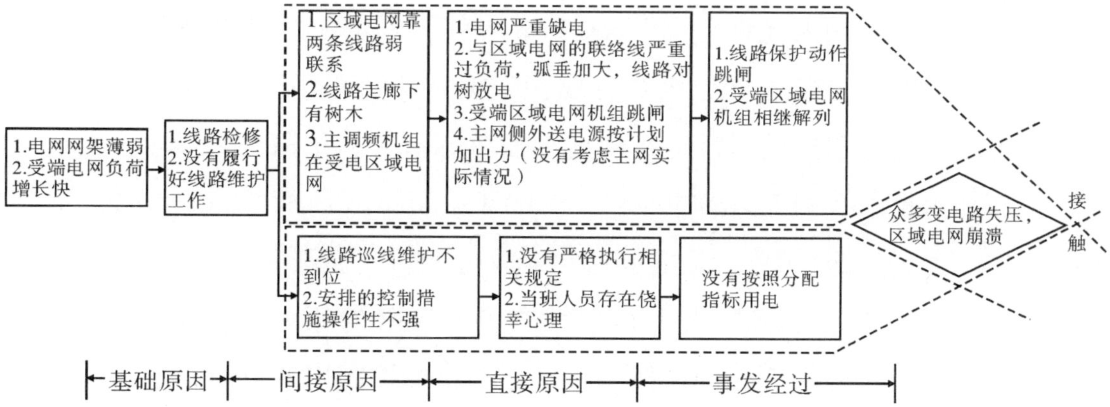

图 7 – 3　1994 年广东电网“5 · 25”事故的轨迹交叉事故模型

三、事故分析结论

(1) 由于粤东电网与广东电网长期仅靠220kV惠(阳)板(桥)线和广(州)新(丰江)线(广新线即220kV河源—棠下线)进行弱联系，电网网架比较薄弱。同时，粤东电网的负荷增长速率快，对电网形成巨大压力。

(2) 粤东电网与广东主网仅靠220kV惠板线和广新线进行弱联系，且线路走廊下存在树木等严重影响电网安全的外界因素。主调频机组在受电区域，电网频率超过50.20Hz时，调频机组自动减出力，增加联络线的过负荷程度。

(3) 事发前线路巡线不到位，安排的控制性措施操作性不强，很难应对电网的突发情况。

(4) 事故发生期间，正处于用电的早高峰期，用电量陡然增加。此时粤东电网与主网的联络线严重过负荷。事故起因是220kV惠板线对树放电。事故前惠板线电流高达1 150A (2×185 mm^2 导线，最大允许电流1 030A)，导线弧垂增大，对树放电。

(5) 事故扩大的原因是惠板、广新两线东送功率超暂态稳定极限。据广东中调当日运行规定，按单相永久接地故障计算，广新加惠板两线暂态功率极限为350MW，而事故前两线东送功率实际上超过580MW，是造成这次事故扩大的主要原因。

(6) 造成联络线大大超过暂态稳定极限的原因是汕头、惠州、梅州、揭阳等市调未按中调下达的指标控制用电负荷。

四、事故暴露的问题

（1）惠州线路工区巡线维护不利，未认真执行《电力设施保护条例》和《架空送电线路设计技术规程》的有关规定，未及时砍伐防护区内障碍树木。这次事故后广东省电力局再次重申：220kV重载线路要缩短巡线周期，严格执行规程，并将具体规定补充到各现场运行规程中去。

（2）中调对粤东联络线电流严重超暂态稳定极限而未采取果断措施。由于广东中调未采取果断措施控制惠板、广新两线东送功率，使联络线大幅度超过暂态稳定限额，在惠板线单相接地短路的干扰下，致使粤东电网与广东主网发生振荡，造成事故扩大，粤东电网崩溃。所以，一定要严格执行《电力系统安全稳定导则》，保证电网在正常（包括检修）运行方式下，系统任一元件发生故障时，不致使系统发生非同步运行，不应发生频率崩溃和电压崩溃。当某元件已处严重异常状态下运行时，调度人员应采取果断措施使其恢复正常运行；否则，往往会引起大事故并造成严重后果。

（3）用户不按指标控制负荷，超计划用电造成联络线严重过负荷。事故前，汕头、惠州、梅州、揭阳等市调未按中调下达用电指标控制负荷，超指标用电，中调虽一再通知各市调调整负荷，但未奏效。这造成惠板线严重过负荷，导线弧垂增大，对树放电。

（4）地区用电负荷增长快，由于电网网架薄弱和电源布点不合理，与主网的联络线的输送功率增加，因此联络线一旦发生故障，容易发生类似的大面积停电事故。

五、事故防范措施

1. 加强线路运行维护

认真执行《电力设施保护条例》和《架空送电线路设计技术规程》的有关规定，及时砍伐防护区域内的障碍树木。这次事故后上级主管单位再次重申：220kV 重载线路要缩短巡线周期，严格执行规程，并将具体规定补充到各现场运行规程中去。

2. 认真执行《电力系统安全稳定导则》

严格执行《电力系统安全稳定导则》，保证电网在正常（包括检修）运行方式下，系统任一元件发生故障时，不会导致系统发生非同步运行，不应发生频率崩溃和电压崩溃。当某元件已处于严重异常状态下运行时，调度人员应采取果断措施，使其恢复正常运行。

3. 加强负荷侧管理，按指标控制负荷，防止超计划用电造成联络线严重过负荷

事故前，汕头、惠州、揭阳等市调未按中调下达用电指标控制负荷，超指标用电，中调虽一再通知各市调调整负荷，但未奏效。这造成惠板线严重过负荷，导线弧垂增大，对树放电。因此各级调度机构要严格执行调度指令。

4. 加快电网建设，提高电网稳定水平

加快电网建设，不仅要加快受端网络建设，合理分布电源接入点，而且要加强受端网络与主网的联络，提高输送容量，提高电网稳定水平。